EXAMPRESS® オラクル認定資格試験学習書

Javaプログラマ Bronze SE スピードマスター問題集

1Z0-818試験 対応

日本サード・パーティ株式会社 著

本書内容に関するお問い合わせについて

このたびは翔泳社の書籍をお買い上げいただき、誠にありがとうございます。弊社では、読者の皆様からのお問い合わせに適切に対応させていただくため、以下のガイドラインへのご協力をお願い致しております。下記項目をお読みいただき、手順に従ってお問い合わせください。

●ご質問される前に

弊社Webサイトの「正誤表」をご参照ください。これまでに判明した正誤や追加情報を掲載しています。

正誤表　https://www.shoeisha.co.jp/book/errata/

●ご質問方法

弊社Webサイトの「刊行物Q&A」をご利用ください。

刊行物Q&A　https://www.shoeisha.co.jp/book/qa/

インターネットをご利用でない場合は、FAXまたは郵便にて、下記"翔泳社 愛読者サービスセンター"までお問い合わせください。
電話でのご質問は、お受けしておりません。

●回答について

回答は、ご質問いただいた手段によってご返事申し上げます。ご質問の内容によっては、回答に数日ないしはそれ以上の期間を要する場合があります。

●ご質問に際してのご注意

本書の対象を越えるもの、記述個所を特定されないもの、また読者固有の環境に起因するご質問等にはお答えできませんので、予めご了承ください。

●郵便物送付先およびFAX番号

送付先住所　〒160-0006　東京都新宿区舟町5
FAX番号　03-5362-3818
宛先　(株) 翔泳社 愛読者サービスセンター

※ 著者および出版社は、本書の使用によるOracle Certified Java Programmer, Bronze SE資格の合格を保証するものではありません。

※ 本書の出版にあたっては正確な記述に努めましたが、著者および出版社のいずれも、本書の内容に対してなんらかの保証をするものではなく、内容やサンプルに基づくいかなる運用結果に関してもいっさいの責任を負いません。

※ OracleとJavaは、Oracle Corporation及びその子会社、関連会社の米国及びその他の国における登録商標です。文中の社名、商品名等は各社の商標または登録商標である場合があります。

※ 本書に記載されたURL等は予告なく変更される場合があります。

※ 本書に掲載されている画面イメージなどは、特定の設定に基づいた環境にて再現される一例です。

※ 本書に記載されている会社名、製品名はそれぞれ各社の商標および登録商標です。

※ 本書では™、©、®は割愛させていただいております。

はじめに

本書は、日本オラクル株式会社が実施している「Oracle Certified Java Programmer, Bronze SE認定資格」の対策問題集です。Java言語を初めて学び、「Java SE Bronze試験（1Z0-818）」の合格を目指している方が対象となります。

本書の構成はJava SE Bronze試験（1Z0-818）の項目と同じ構成であるため、試験対策として得意な分野、不得意な分野を確認していただくことができます。また、その結果、各項目に対する理解がより深まります。

Java SE Bronze試験（1Z0-818）の出題範囲は、Java言語の基礎項目の内容が中心です。したがって、Java言語の基本的な仕様から、実行結果や発生するエラーについての内容が多く問われます。

本書に記載されているコードを実際に作成し、動作させることでより理解が深まります。是非積極的に行ってください。もちろん、サンプルコードも用意してあります。実際に手を動かしてコードを作成するという、そういった実践の積み重ねが試験の合格につながると信じております。

本書はJava SE Bronze試験（1Z0-818）の対策問題集となりますので、Java言語を初めて学ぶ方は、本書を単独で使用するのではなく他の参考書と組み合わせて学習を進めていくとよいでしょう。たとえば、『オラクル認定資格教科書Javaプログラマ Bronze SE（試験番号1Z0-818）』（翔泳社刊）と併用すれば、Javaの機能の利点や試験問題の意図をより明確につかめるようになります。

Java言語を学ぶことで、Webアプリケーション開発やAndroidアプリケーション開発を行うときの助けになります。本書の内容は、今後さまざまな開発を行うときに必須となる技術範囲を網羅しています。試験合格だけではなくJava言語自体のスキルアップの手助けになれば幸いです。

最後に本書の出版にあたり、株式会社翔泳社の野口亜由子様をはじめ、編集の皆様にこの場をお借りして御礼申し上げます。

2020年8月
日本サード・パーティ株式会社

Java SE 11 認定資格の概要

Java SE 11認定資格は、日本オラクルが実施しているJavaプログラマ向けの資格です。2012年にスタートしたJava SE 7認定資格から、現行試験のようなBronze、Silver、Goldの3レベルが設けられ、2015年にJava SE 8認定資格が、2019年にJava SE 11認定資格が開始されました。

Java SE 11は、2017年9月に発表された新しいリリース・モデルへの移行後、初のLTS（Long Term Support）であり、企業システムやクラウド・サービス、スマート・デバイスなどで活用されるアプリケーション開発の生産性向上に重点をおいています。この資格を取得することで、業界標準に準拠した高度なスキルを証明します。

Java SE 11認定資格は、Bronze、Silver、Goldの3つのレベルがあります。

Bronze

言語未経験者向けの入門資格で、Java言語を使用したオブジェクト指向プログラミングの基本的な知識を有するかどうかを測ります。Bronze（Oracle Certified Java Programmer, Bronze SE）試験の合格が必要です。

Silver

Silver SE 11（Oracle Certified Java Programmer, Silver SE 11）認定資格は、Javaアプリケーション開発に必要とされる基本的なプログラミング知識を有し、上級者の指導のもとで開発作業を行うことができる開発初心者向け資格です。日常的なプログラミング・スキルだけでなく、さまざまなプロジェクトで発生する状況への対応能力も評価することを目的としています。

Silver SE 11認定資格を取得するためには、「Java SE 11 Programmer I（1Z0-815）」試験の合格が必要です。

Gold

Gold SE 11（Oracle Certified Java Programmer, Gold SE 11）認定資格は、設計者の意図を正しく理解して独力で機能実装が行える中上級者向け資格です。Javaアプリケーション開発に必要とされる汎用的なプログラミング知識を有し、設計者の意図を正しく理解して独力で機能実装が行える能力評価することを目的としています。

なお、Gold SE 11認定資格を取得するためには、「Java SE 11 Programmer I (1Z0-815)」試験の合格および「Java SE 11 Programmer II (1Z0-816)」試験の合格が必要です。

Java SE Bronze試験の概要

Java SE Bronze試験の概要は下記の表1のとおりです。

表1　Java SE 11試験の概要

試験番号	1Z0-818
試験名称	Java SE Bronze
問題数	60問
合格ライン	60%
試験形式	CBT（コンピュータを利用した試験）による多肢選択式
制限時間	65分
前提資格	なし

出題範囲

Java SE Bronze試験のテスト内容は次のとおりです（日本オラクルの試験情報サイトより）。

表2　Java SE Bronze試験のテスト内容

カテゴリ	項目
データの宣言と使用	● Javaのデータ型（プリミティブ型、参照型）
	● 変数や定数の宣言と初期化、値の有効範囲
	● 配列（一次元配列）の宣言と作成、使用
	● コマンドライン引数の利用
ループ文	● while文の使用
	● for文および拡張for文の使用
	● do-while文の作成と使用
	● ループのネスティング
クラスの定義とオブジェクトの使用	● クラスの定義とオブジェクトの生成、使用
	● メソッドのオーバーロード
	● コンストラクタの定義
	● アクセス修飾子（public、private）の適用とカプセル化
	● static変数およびstaticメソッド

カテゴリ	項目
Java言語のプログラムの流れ	● Javaプログラムのコンパイルと実行
	● Javaテクノロジーの特徴
	● Javaプラットフォーム各エディションの特徴
演算子と分岐文	● 各種演算子の使用
	● 演算子の優先順位
	● if、if/else文の使用
	● switch文の使用
オブジェクト指向の概念	● 具象クラス、抽象クラス、インタフェース
	● データ隠蔽とカプセル化
	● ポリモフィズム
継承とポリモフィズム	● サブクラスの定義と使用
	● メソッドのオーバーライド
	● 抽象クラスやインタフェースの定義と実装
	● ポリモフィズムを使用するコードの作成
	● 参照型の型変換
	● パッケージ宣言とインポート

出題に関する注意事項

packageおよびimport文の欠落

サンプルコードにpackageおよびimport文が記載されておらず、設問にも明示的に指示が行われていない場合は、すべてのサンプルコードは同一パッケージ内に存在する、あるいは適切なインポートが行われているものとします。

クラスが定義されるソースファイル名やディレクトリパス名の欠落

設問内にソースファイル名やディレクトリの場所が指定されていない場合は、コードのコンパイルおよび実行を可能にするため、次のいずれかを想定しています。

- すべてのクラスは、1つのソースファイル内に存在する。
- 各クラスは異なるソースファイルに格納されており、すべてのファイルは同一ディレクトリ内に存在する。

意図しない改行

サンプルコード内に、意図しない所で改行されているコードが存在する場合があります。行が折り返されたように見えるコードがあった場合、たとえば、引用符で囲まれた文字列リテラルの途中で改行されているような場合、折り返されたコードは改行前のコードの延長であると仮定し、コードにはコンパイルエラーの原因となる改行は含まれていないものと想定します。

コード断片

コード断片は、ソースコードの一部を表示したものです。完全なコードを省略表示したものであり、コードのコンパイルと実行が問題なく行える環境が整っていると想定します。

コメント中の説明

「setterメソッドおよびgetterメソッドをここに記述」などの説明コメントは、文字どおりに解釈してください。説明コメントにあるコードが存在し、コンパイルおよび実行が問題なく行われるものと想定します。

受験の申込から結果まで

① 受験予約

Java SE Bronze試験は、ピアソンVUEが運営する全国の公認テストセンターで受験します。受験の予約は、ピアソンVUEの下記Webサイトから行うことができます。

オラクル認定試験の予約
https://www.pearsonvue.co.jp/Clients/Oracle.aspx

初めてピアソンVUEで試験予約をする際には、**ピアソンVUEアカウント**を作る必要があります。アカウントの作成方法は、下記をご覧ください。

アカウントの作り方
https://www.pearsonvue.co.jp/test-taker/Tutorial/WebNG-registration.aspx

受験料の申し込みを含む予約の仕方については、 下記も併せてご参照ください。予約の変更やキャンセルについても記載があります。

試験の予約
https://www.pearsonvue.co.jp/test-taker/tutorial/WebNG-schedule.aspx

② 試験当日

受験当日は1点もしくは2点の本人確認書類を提示する必要があります。基本的にはその他に必要な持ち物はありません。

テストセンターにおける流れは次のとおりです（動画）。

受験当日のテストセンターでの流れ
https://www.pearsonvue.co.jp/test-taker/security.aspx

③ 試験結果

受験後、試験結果はオラクルの**CertView**で確認することができます。受験当日に試験結果を確認するためには、事前にCertViewの初回認証作業をしておく必要があります。CertViewの初回認証作業を行うにあたっては、**Oracle.comアカウント**が必要になります。この作業手順は下記のとおりです。

CertViewを利用するための手順
https://www.oracle.com/jp/education/certification/migration-to-certview.html#Proces

Oracle.comのユーザー登録方法
http://www.pearshttps://www.oracle.com/jp/education/guide/newuser-172640-ja.html

受験後、試験結果がCertViewで確認可能になると、オラクルからお知らせのEメールが送信されます。メール受信後、Oracle.comアカウントでCertViewにログインし、「認定試験の合否結果を確認」から試験結果を確認できます。

ここに記載した情報は、2020年7月時点のものです。オラクル認定資格に関する最新情報は、Oracle UniversityのWebサイトをご覧いただくか、下記までお問い合わせください。

オラクル認定資格について
日本オラクル株式会社　Oracle University
URL：https://education.oracle.com/ja/

受験のお申し込みについて
ピアソン VUE
URL：https://www.pearsonvue.co.jp/

本書の使い方

本書では、Java SE Bronze（試験番号：1Z0-818）試験の出題範囲に定められた内容を対象として作成された問題集です。

本書の構成

第1章～第7章では、出題範囲にもとづいて練習問題を用意しています。各問題には、重要度に応じて★マークが付いています。★が多いほど重要度が高くなりますので、学習する時間がない人は★★★から問題を解いていくとよいでしょう。また、各問題に設けられているチェック欄（□□□）を使用して、間違えた問題を効率よく復習するようにしましょう。

問題を解いたら、すぐ下にある解説をよく読みましょう。特に間違えたところは繰り返し解くとよいでしょう。

巻末は実際の試験を分析し、作成した模擬試験が2回分掲載されています。問題の後には詳しい解説もありますので、受験前の総仕上げとしてご活用ください。

表記について

重要キーワードは**太字**で示しています。

メソッドは基本的に「メソッド名()」という形式で表します。メソッドは引数を取る場合もあれば、取らない場合もあります。説明内にある図は、次のような意味があります。

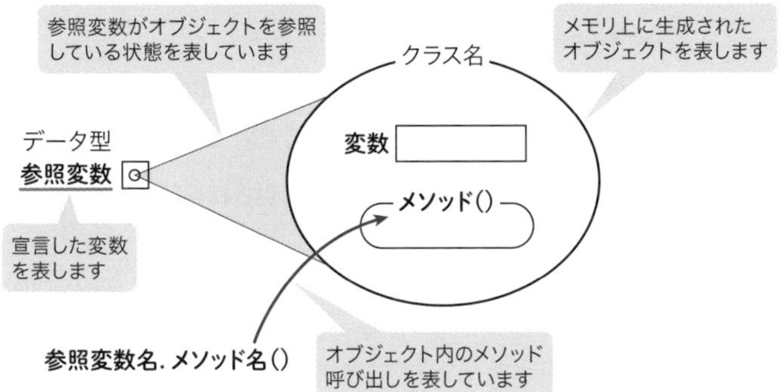

読者特典

本書では、読者特典として、下記のものを提供しています。読者特典提供サイトから指示に従ってダウンロードしてご利用ください。

● 本書に掲載されているサンプルコード

問題文中のコード右上に 📄 のマークがあるものは、サンプルコードを提供しています。これを利用して、実際に自分でプログラムを動かしながら学ぶことができます。

> 読者特典提供サイト
> ▶ https://www.shoeisha.co.jp/book/present/9784798162058/

※ 会員特典データのダウンロードには、SHOEISHA iD（翔泳社が運営する無料の会員制度）への会員登録が必要です。詳しくは、Webサイトをご覧ください。

※ 画面の指示に従って進めると、アクセスキーの入力を求める画面が表示されます。アクセスキーは本書のいずれかのページに記載されています。画面で指定されたページのアクセスキーを半角英数字で、大文字、小文字を区別して入力してください。

※ 会員特典データに関する権利は著者および株式会社 翔泳社が所有しています。許可なく配布したり、Webサイトに転載することはできません。

※ 会員特典データの提供は予告なく終了することがあります。あらかじめご了承ください。

本書記載内容に関する制約について

本書は、Java SE Bronze試験（1Z0-818）に対応した学習書です。日本オラクル株式会社（以下、主催者）が運営する資格制度に基づく試験であり、下記のような特徴があります。

① 出題範囲および出題傾向は主催者によって予告なく変更される場合がある。
② 試験問題は原則、非公開である。

本書の内容は、その作成に携わった著者をはじめとするすべての関係者の協力（実際の受験を通じた各種情報収集／分析など）により、可能な限り実際の試験内容に則すよう努めていますが、上記①・②の制約上、その内容が試験の出題範囲および試験の出題傾向を常時正確に反映していることを保証するものではありませんので、あらかじめご了承ください。

目次

1章

Java言語のプログラムの流れ

本章のポイント

▶ Javaプログラムのコンパイルと実行

Javaプログラムの作成方法からコンパイル方法、実行方法の流れを理解します。また、Javaアプリケーションに必要なmain()メソッドの定義方法について理解します。

重要キーワード

javacコマンド、javaコマンド、.javaファイル、.classファイル、main()メソッド

▶ Javaテクノロジの特徴の説明

Javaテクノロジにおける実行環境、開発環境のソフトウェアの種類について理解します。また、Javaテクノロジや Java言語の特徴やメリットについて理解します。

重要キーワード

JDK、JVM、ガベージコレクション、オブジェクト指向

▶ Javaプラットフォーム各エディションの特徴の説明

Javaテクノロジで提供されているエディションと各エディションの利用用途について理解します。

重要キーワード

Java SE、Java EE、Java ME

問題 1-1

重要度 ★★☆

次のコードを確認してください。

Hello.java

```
class Hello {
    public static void main(String args[]) {
        System.out.println("Hello World");
    }
}
```

このコードをコンパイルするために適切なコマンドはどれですか。1つ選択してください。

A. java Hello
B. java Hello.java
C. javac Hello
D. javac Hello.java

Javaプログラムのコンパイル方法についての問題です。

作成するソースファイルの名前には、拡張子.javaを付けます。Javaプログラムをコンパイルするには、**javacコマンド**を使用します。

javacコマンドの構文は、以下のとおりです。

構文

```
javac ソースファイル名
```

各選択肢の解説は、以下のとおりです。

選択肢A、B

javaコマンドはプログラムの実行時に使用するコマンドです。したがって、不正解です。

選択肢C

拡張子.javaが指定されていないため、ソースファイル名として認識されません。javacコマンド実行時はコンパイル対象のソースファイル名を、拡張子を含めて指定する必要があります。したがって、不正解です。

選択肢D

javacコマンドを使用し、ソースファイル名であるHello.javaを指定しているため正常にコンパイルできます。したがって、正解です。

Javaプログラムのコンパイルから実行までの流れを表すイメージ図は、以下のとおりです。

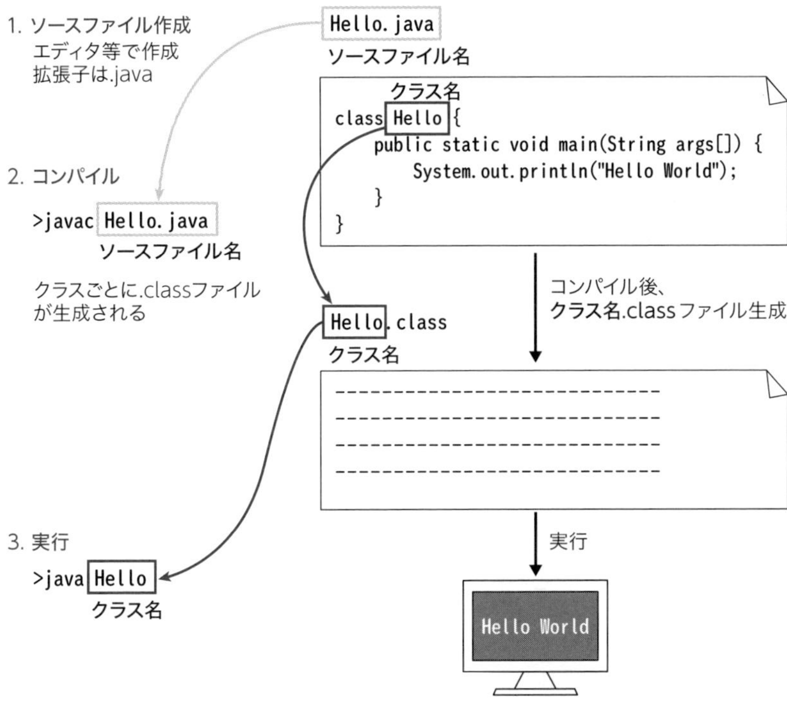

解答 D

問題 1-2

次のコードを確認してください。

Hello.java

```
1:  class HelloSample {
2:      public static void main(String args[]) {
3:          System.out.println("Hello World");
4:      }
5:  }
```

このコードを実行するために適切なコマンドはどれですか。1つ選択してください。

A. java Hello
B. javac Hello.java
C. javac HelloSample.java
D. java HelloSample

Javaプログラムの実行方法についての問題です。

Javaプログラムを実行するには、**javaコマンド**を使用します。実行するためにはコンパイルによってクラスごとに生成される、拡張子.classのクラスファイルが必要になります。また、実行するクラスにはmain()メソッドが定義されている必要があります。コンパイルすると、1行目のクラス名にもとづいてHelloSample.classファイルが生成されます。

javaコマンドの構文は、以下のとおりです。

構文

```
java クラス名
```

各選択肢の解説は、以下のとおりです。

選択肢A

javaコマンドを使用していますが、Helloをクラス名に指定しています。実行時にはソースファイル内で定義したクラス名（ここではHelloSample）を指定しなければならないため、不正解です。

選択肢B、C

javacコマンドを使用しています。javacコマンドはコンパイル時に使用するコマンドのため、不正解です。

選択肢D

javaコマンドを使用し、クラス名であるHelloSampleを指定しているため正常に実行できます。したがって、正解です。

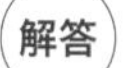 D

問題 1-3

クラスの定義として適切なものはどれですか。3つ選択してください。

A. `class Test2020 { }`
B. `public class $Test { }`
C. `public class 2020Test { }`
D. `class Test-Class { }`
E. `public class Test% { }`
F. `class Test_Class { }`

 **クラスの命名規則**についての問題です。

プログラマが任意で命名できるクラスやインタフェース、変数、メソッドなどには命名の規則があります。

- 英語（大文字、小文字）、数字、_（アンダースコア）、$（ドルマーク）が利用できる
  ※ _（アンダースコア）は予約語のため、_（アンダースコア）1文字での命名は不可です。
- 1文字目に数字は使えない
- 英語は大文字小文字を区別する

各選択肢の解説は、以下のとおりです。

選択肢A、B、F

命名規則に沿った正しい定義となります。したがって、正解です。

選択肢C

数字を1文字目に使用することはできません。したがって、不正解です。

選択肢D、E

%や-（ハイフン）はクラス名に使用することはできません。したがって、不正解です。

解答 A、B、F

問題 1-4

重要度 

次のコードを確認してください。

```java
class Taxi {
    public void drive() {
        System.out.println("drive a taxi.");
    }
}
class Plane {
    public void fly() {
        System.out.println("fly a plane.");
    }
}
public class Vehicle {
    public static void main(String[] args) {
        Taxi tx = new Taxi();
        tx.drive();
    }
}
```

コンパイル後に生成されるのは、どのクラスファイルですか。1つ選択してください。

A. Taxi.class
B. Plane.classとVehicle.class
C. Taxi.classとPlane.class
D. Taxi.classとVehicle.class
E. Taxi.classとPlane.classとVehicle.class

クラスファイルの生成についての問題です。

1つのソースファイル内に複数のクラス定義を行った場合は、ソースファイル内に記述しているすべてのクラス定義にもとづいて**クラスファイル**が生成されます。

ソースファイル内には、Taxiクラス、Planeクラス、Vehicleクラスの3つのクラス定義が存在します。コンパイルを行うとTaxi.class、Plane.class、Vehicle.classの3つのクラスファイルが生成されます。

したがって、選択肢Eが正解です。

ソースファイルとクラスファイルの関係は、以下のとおりです。

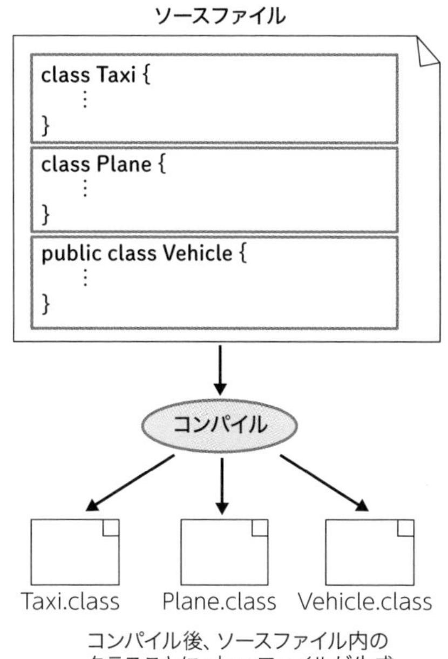

解答 E

問題 1-5

重要度 ★★☆

次のコードを確認してください。

```
class Foo {
    public static void main(String[] args) {
        System.out.println(Bar.func());
    }
}
class Bar {
    public static int func() {
        return 100;
    }
}
```

このコードを実行し「100」を出力させるために適切なコマンドはどれですか。1つ選択してください。

A. `java main`
B. `java Test`
C. `java Bar`
D. `java Foo`

解説 実行時のクラス指定についての問題です。

Javaプログラムを実行する場合は、javaコマンドでクラス名を指定します。ただし、指定するクラス名は「main()メソッドが定義されたクラス名」となります。

main()メソッドはJavaプログラムの開始点となり、実行時に必ず最初に呼び出されるメソッドとなります。

定義されている2つのクラス名をもとに、Foo.classとBar.classが生成されます。

実行を行う場合は、「main()メソッドが定義されたクラス名」であるFooクラスを指定することで実行できますので、「java Foo」が適切な実行方法となります。

したがって選択肢Dが正解です。

解答 D

問題 1-6

重要度 ★★★

次のコードを確認してください。

```
1:  public class Welcome {
2:      // insert code here
3:          System.out.println("Welcome to Java");
4:      }
5:  }
```

2行目にどのコードを挿入すれば、正常に実行できますか。2つ選択してください。
(2つのうち、いずれか1つを挿入すれば、設問の条件を満たします。)

A. `public void main(String[] args) {`
B. `public static void main(String[] args) {`
C. `public static void main(String args) {`
D. `static public void main(String[] args) {`
E. `static void main(String args) {`

解説 main()メソッドの定義についての問題です。

main()メソッドは、Javaアプリケーションの実行時にJVM (Java Virtual Machine) によって呼び出されるアプリケーションを起動するためのメソッドです。JVMはjavaコマンドで実行する際に引数で指定したクラスをロードすると、main()メソッドを呼び出して処理を開始します。

Javaアプリケーションには必ず1つのmain()メソッドが定義されている必要があり、以下のように宣言する必要があります。

```
public static void main(String[] args) {
    // 処理
}
```

各選択肢の解説は、以下のとおりです。

選択肢A

static修飾子が指定されていないため、不正解です。

選択肢B

main()メソッドとして必要な条件を満たしているため、正解です。

選択肢C

引数がString配列型ではなく、String型変数として宣言されているため、不正解です。

選択肢D

選択肢Bと比較すると、static修飾子とpublic修飾子の順序が入れ替わっていますが、修飾子の順序はどちらでも指定可能です。したがって、正解です。

選択肢E

public修飾子が指定されていないため、不正解です。

解答 B、D

問題 1-7

重要度 ★★☆

次のコードを確認してください。

```
1:  class Test {
2:      public static void Main(String args[]) {
3:          System.out.println(10);
4:      }
5:  }
```

このコードをコンパイルおよび実行すると、どのような結果になりますか。1つ選択してください。

A. 10
B. 1行目でコンパイルエラーが発生する
C. 2行目でコンパイルエラーが発生する
D. コンパイルは成功するが、実行はできない

main()メソッドについての問題です。

Testクラスをコンパイルすると、コンパイルは成功しますが実行はできません。

2行目でmain()メソッドを宣言していますが、メソッド名が「Main」と先頭文字が大文字で宣言されています。Javaプログラムは大文字／小文字を区別します。

「Main」と記述してもメソッド定義の構文としては正しいためコンパイルは成功しますが、実行時にJVMが呼び出すmain()メソッドとして認識されないため、実行ができません。

したがって、選択肢Dが正解です。

解答 D

問題 1-8

重要度 ★★★

Javaプログラムの実行環境を表す用語として適切なものはどれですか。1つ選択してください。

- **A.** JDK
- **B.** JRE
- **C.** JRK
- **D.** JVM

解説 Javaプログラムの実行環境についての問題です。

Javaプログラムの実行環境は**JRE（Java Runtime Environment）**と呼ばれ、Javaプログラムを実行するために必要なソフトウェアが含まれています。

JREが各OSの差異を吸収してくれるため、OSに依存せずにJavaプログラムを実行できます。このようにJavaは「Write Once, Run Anywhere」という特徴を持ちます。

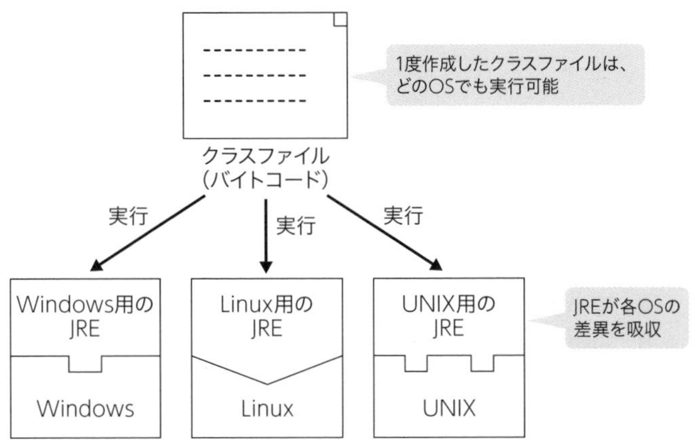

各選択肢の解説は、以下のとおりです。

選択肢A
JDK（Java SE Development Kit）はJavaプログラムの開発環境です。したがって、不正解です。

選択肢B
JRE（Java Runtime Environment）はJavaプログラムの実行環境です。Javaプログラムを実行するには、JREが必要です。したがって、正解です。

選択肢C
JRKという用語は存在しません。したがって、不正解です。

選択肢D
JVM（Java Virtual Machine）はJREで提供される、Javaプログラムの実行やメモリ管理を行うソフトウェアです。したがって、不正解です。

また、開発環境であるJDKをインストールした場合、実行環境であるJREはJDKに含まれる形で提供されます。

JDK、JRE、JVMの関係を表すイメージ図は、以下のとおりです。

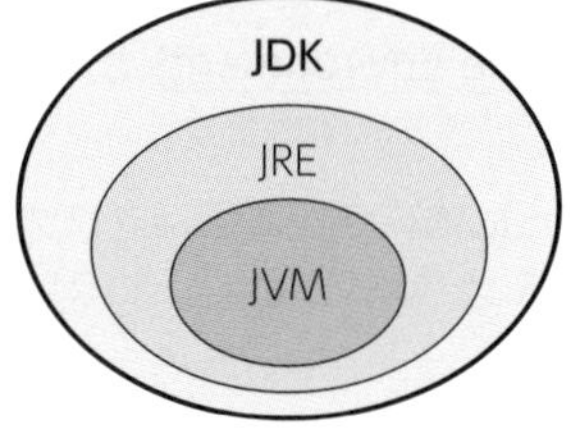

JDK …… Javaプログラムの開発環境
JRE …… Javaプログラムの実行環境
JVM …… Javaプログラムの実行、メモリ管理

解答 B

問題 1-9

重要度 ★☆☆

Javaテクノロジの説明として不適切なものはどれですか。1つ選択してください。

A. 開発環境、実行環境は無償である
B. JavaプログラムはJVM上で動作する
C. 標準ライブラリが提供されている
D. 作成したプログラムは、実行環境（プラットフォーム）に依存する

解説 **Javaテクノロジ**についての問題です。

各選択肢の解説は、以下のとおりです。

選択肢A

Javaの開発環境、実行環境は無償で公開されています。したがって、適切な表現であり不正解です。

選択肢B

JavaプログラムはJVM（Java Virtual Machine）上で動作します。したがって、適切な表現であり不正解です。

選択肢C

GUI開発用ライブラリや、ネットワークアプリケーション開発用ライブラリ、DB接続用のライブラリなど、多くの機能が標準ライブラリとして提供されています。したがって、適切な表現であり不正解です。

選択肢D

Javaプログラムは実行環境（プラットフォーム、OS）に依存することなく実行することができます。したがって、正解です。

解答 D

問題 1-10

重要度 ★★★

JVM（Java Virtual Machine）の役割として適切なものはどれですか。2つ選択してください。

A. クラスのロード
B. バイトコードを解釈する
C. ソースコードをコンパイルする
D. .classファイルを逆アセンブルする

解説 JVM（Java Virtual Machine）についての問題です。

JVM（Java Virtual Machine）とは、Javaのクラスをロードし、実行するためのソフトウェアです。コンパイルによって生成されたJavaバイトコードをプラットフォーム固有のネイティブコードに変換しながら実行します。JVMは単体でインストールするものではなく、Javaの実行環境であるJRE（Java Runtime Environment）に含まれるソフトウェアの1つです。

各選択肢の解説は、以下のとおりです。

選択肢A、B

JVMはjavaコマンドによってクラスファイルを実行すると、指定されたクラスファイルをロードし、クラスファイル内のバイトコードを解釈しながら実行します。したがって、正解です。

選択肢C

ソースコードのコンパイルはJDKに含まれるコンパイラの役割となるため、不正解です。

選択肢D

JVMに逆アセンブルの役割はないため、不正解です。

解答 A、B

問題 1-11

重要度 ★★☆

Java言語はどの考え方にもとづいて設計されているプログラミング言語ですか。1つ選択してください。

A. アスペクト指向
B. オブジェクト指向
C. 宣言型プログラミング
D. 構造化プログラミング

解説 Java言語の特徴についての問題です。

Java言語はオブジェクト指向の考え方にもとづいて設計されたオブジェクト指向プログラミング言語です。

オブジェクト指向の主要な概念である「クラス」「オブジェクト」「カプセル化」「継承」などを言語仕様でサポートしており、オブジェクト指向の考え方を実現することができます。

オブジェクト指向の考え方をプログラムに適用することで、プログラムの再利用性を高めたり、メンテナンス性を向上させて効率よくシステム開発を行うことができます。

したがって、選択肢Bが正解です。

解答 B

問題 1-12

重要度 ★★★

ガベージコレクションの説明として、適切なものはどれですか。1つ選択してください。

A. 複数のオブジェクトを動的に管理することができる機能
B. 複数のオブジェクトを静的に管理することができる機能
C. 不要になったメモリ領域を自動的に解放する機能
D. 必要なメモリ領域を手動で確保できる機能

ガベージコレクションについての問題です。

各選択肢の解説は、以下のとおりです。

選択肢A、B

オブジェクトを管理するための機能は、ガベージコレクションにはありません。したがって、不正解です。

選択肢C

ガベージコレクションは、不要になったメモリ領域を自動的に解放する機能です。不要になったメモリ領域とは、プログラムが使用しなくなったメモリのことを指します。したがって、正解です。

選択肢D

メモリを手動で確保する機能は、ガベージコレクションにはありません。ガベージコレクション機能によって、明示的にメモリ領域を確保したり解放したりするためのコードを記述する必要はありません。したがって、不正解です。

解答 C

問題 **1-13**

重要度 ★★★

Javaが提供するエディションとして不適切なものはどれですか。1つ選択してください。

A. Java SE
B. Java DB
C. Java EE
D. Java ME

Javaテクノロジについての問題です。

Javaテクノロジは、**Java SE**、**Java EE**、**Java ME**の3つのエディションを提供しています。正式名称は次のようになっています。

- Java Platform, Standard Edition (Java SE)
- Java Platform, Enterprise Edition (Java EE)
- Java Platform, Micro Edition (Java ME)

各選択肢の解説は、以下のとおりです。

選択肢A

Java SEは、Java言語の基礎となる標準的な機能をまとめたエディションです。スタンドアロンや、クライアント/サーバシステムの開発に使用できます。したがって、適切な記述であり、不正解です。

選択肢B

Java DBはApache Derbyデータベースのため、Javaテクノロジが提供するエディションではありません。したがって、不適切なので正解です。

選択肢C

Java EEは、買い物サイトなどのWebアプリケーションや大規模な業務アプリケーションの開発に使用されるエディションです。サーブレットやJSP (Java Server Pages)、EJB (Enterprise JavaBeans) といったテクノロジがJava EEには含まれます。Java EEはJava SEと組み合わせて使用します。したがって、適切な表現なので不正解です。

選択肢D

Java MEは、家電製品、携帯電話、モバイル端末など、リソースのサイズに制限のあるような機器向けの、組み込み系プログラムの開発に使用されるエディションです。Java MEはJava SEと組み合わせて使用します。したがって、適切な表現なので不正解です。

解答 B

問題 1-14

重要度 ★★★

A学校は、主に教員を対象としたメニュー形式で、学校関連の情報や生徒の情報を保存、更新および取得できる、GUIベースのアプリケーションを開発することを希望しています。

このアプリケーションを開発する場合、どのエディションを使用しますか。1つ選択してください。

A. Java SE
B. Java EE
C. Java ME
D. Java DB

解説 Javaテクノロジについての問題です。

設問の中に「GUIベースのアプリケーションを開発する」とあるため、Java SEのライブラリに含まれるjava.awtパッケージやjavax.swingパッケージが必要と判断できます。

Java SEは、Javaプログラムの基礎となる機能を提供するエディションです。GUIのライブラリ以外にも、データベースアクセス、スレッドのライブラリなども提供しています。

したがって、選択肢Aが正解です。

解答 A

問題 1-15

重要度 ★☆☆

S社は、Webブラウザからアクセスして利用できるショッピングサイトの開発を検討しています。Javaテクノロジで提供されているどのエディションを使用すればS社の要件を満たすことができますか。2つ選択してください。

A. Java ME
B. Java SE
C. Java EE
D. JavaScript

解説　Javaテクノロジについての問題です。

ショッピングサイトのようなWebブラウザを介してアクセスするアプリケーションは、「Webアプリケーション」と呼ばれます。Javaテクノロジを使用してWebアプリケーションを開発するには**Java EE**のエディションで提供されているサーブレット、JSP（JavaServer Pages）、EJB（Enterprise JavaBeans）などのテクノロジを使用することができます。Java EEは、大規模なシステム構築を目的として提供されているエディションです。Java EEを使用するにはJava SEが必要です。

したがって、選択肢B、Cが正解です。

解答　B、C

アクセスキー **H**（大文字のエイチ）

2章 データの宣言と使用

本章のポイント

▶ Java言語でのデータ型の説明（基本データ型、参照型）

Java言語において使用可能なデータ型について理解します。データ型の種類である基本データ型（プリミティブ型）と参照型の種類や違いについて理解します。

重要キーワード

基本データ型（プリミティブ型）、参照型

▶ 各種変数や定数の宣言と初期化、有効範囲

変更不可能な値として定義する定数の定義方法や定数名の慣習などを理解します。また、変数の宣言場所によって決定する、変数の有効範囲（スコープ）について理解します。

重要キーワード

final修飾子

▶ 配列（1次元配列）の生成と使用

参照型である配列の生成方法と使用方法を理解します。生成方法については配列の宣言、値の代入や初期化について理解し、使用方法については、配列の要素数の調べ方や各データ型の初期値について理解します。

▶ コマンドライン引数の利用

Javaアプリケーションを実行する際に指定することができる引数（コマンドライン引数）を理解します。コマンドライン引数を扱う際に注意すべき点や値の利用方法について理解します。

重要キーワード

配列args

問題 # 2-1

重要度 ★★☆

基本データ型として適切なものはどれですか。3つ選択してください。

A. bit
B. char
C. double
D. int
E. date
F. String

基本データ型についての問題です。

Javaでは、8つの**基本データ型**が定義されています。

|表| **基本データ型**

データ型		サイズ	表現できる値
整数	byte	8bit	−128～127
	short	16bit	−32,768～32,767
	int	32bit	−2,147,483,648～2,147,483,647
	long	64bit	−9,223,372,036,854,775,808～9,223,372,036,854,775,807
浮動小数点数	float	32bit	IEEE754にもとづいた浮動小数点数
	double	64bit	IEEE754にもとづいた浮動小数点数
文字	char	16bit	Unicodeで表現できる1文字
真偽値	boolean	―	true、false

各選択肢の解説は、以下のとおりです。

選択肢A、E
bit型とdate型は基本データ型に存在しません。したがって、不正解です。

選択肢B、C、D
char型、double型、int型が基本データ型として定義されているデータ型です。したがって、正解です。

選択肢F
String型は参照型に属します。したがって、不正解です。

問題 2-2

重要度 ★★★

基本データ型の説明として適切なものはどれですか。2つ選択してください。

A. char型は8bitの整数型で、1文字を表現できる
B. byte型は8bitの整数型で、表現できる値の範囲は-128～127である
C. boolean型は真偽値を表現するデータ型で、0または1の値を表現する
D. int型は32bitの整数型で、表現できる値の範囲は-2147483648～2147483647である
E. double型は64bitの整数型で、表現できる値の範囲は-9223372036854775808～9223372036854775807である

基本データ型についての問題です。

各選択肢の解説は、以下のとおりです。

選択肢A

char型は、サイズが8ビットではなく16ビットで1文字を表現します。したがって、不正解です。

選択肢B

byte型の記述は正しいです。したがって、正解です。

選択肢C

boolean型は、真偽値を表現するためにtrueまたはfalseの値を表現します。したがって、不正解です。

選択肢D

int型の記述は正しいです。したがって、正解です。

選択肢E

double型は、整数型ではなく浮動小数点数型のデータ型です。したがって、不正解です。

解答 B、D

問題 2-3

重要度 

参照型の変数宣言として適切なものはどれですか。2つ選択してください。

A. `char c = 'c';`
B. `int i[] = new int[5];`
C. `boolean flag = false;`
D. `int i = 0;`
E. `String s = "ABC";`

解説 **参照型**についての問題です。

Javaのデータ型は「基本データ型」と「参照型」に分類されます。

各選択肢の解説は、以下のとおりです。

選択肢A、C、D

Javaでサポートしている基本データ型は、byte、short、int、long、float、double、char、booleanの8つのデータ型です。各選択肢では基本データ型の変数を利用しています。したがって、不正解です。

選択肢B

同じデータ型の値を複数まとめて利用するために配列型の変数を利用しています。配列型は参照型に属するため、正解です。

選択肢E

文字列を表現するためのString型の変数を利用しています。基本データ型以外のデータ型は参照型として扱われます。String型は参照型であるため、正解です。

解答 B、E

問題 2-4

重要度 ★★★

変数の初期化としてコンパイルに成功するものはどれですか。3つ選択してください。

A. `int i = 'x';`
B. `double d = 10.34;`
C. `char c = "Java";`
D. `String s = "Hello";`
E. `boolean b = "false";`
F. `float f = 3.14;`

データ型についての問題です。

各選択肢の解説は、以下のとおりです。

選択肢A

int型の変数iに1文字の'x'を代入しています。char型の値を、int型の変数へ代入する場合は、暗黙的に型変換されるため、正常に代入できます。したがって、正解です。

選択肢B

double型の変数dに小数部を持つ値10.34を代入しているため、コンパイルに成功します。したがって、正解です。

選択肢C

char型の変数cに文字列の"Java"を代入しているため、コンパイルに失敗します。char型は、シングルクォーテーションで囲んだ1文字を代入できます。したがって、不正解です。

選択肢D

String型の変数sに文字列の"Hello"を代入しているため、コンパイルに成功します。したがって、正解です。

選択肢E

boolean型の変数bに文字列の"false"を代入しているため、コンパイルに失敗します。boolean型は、trueもしくはfalseのリテラルのみ扱えます。したがって、不正解です。

選択肢F

float型の変数fに小数部を持つ値の3.14を代入しているため、コンパイルに失敗します。小数部を持つ値はデフォルトでdouble型扱いになるため、float型として値を扱う場合は値の後ろに大文字のFもしくは小文字のfを指定する必要があります。したがって、不正解です。

正しい記述例は、以下のとおりです。

```
float f = 3.14F;
```

もしくは

```
float f = 3.14f;
```

解答 A、B、D

問題 2-5

重要度 ★★★

次のコードを確認してください。

```
1:  class Test {
2:      public static void main(String[] args) {
3:          short s = 80000;
4:          byte b = -128;
5:          long l = 9876543210L;
6:          int i = -50000000;
7:      }
8:  }
```

このコードをコンパイルすると、どのような結果になりますか。1つ選択してください。

A. 3行目でコンパイルエラーが発生する
B. 4行目でコンパイルエラーが発生する
C. 5行目でコンパイルエラーが発生する
D. 6行目でコンパイルエラーが発生する

 **基本データ型**についての問題です。

数値や文字を扱うには基本データ型を使用します。

基本データ型は整数型、浮動小数点数型、文字型、真偽値型に分類され、3〜6行目では、整数型を使用しています。

整数型はbyte、short、int、longの4つのデータ型があり、それぞれのデータ型で扱うことのできる値の範囲が異なります。

各選択肢の解説は、以下のとおりです。

選択肢A

3行目で使用しているshort型の範囲は-32,768〜32,767です。

80000は、この範囲外の値であるためコンパイルエラーが発生します。
したがって、正解です。

選択肢B

4行目で使用しているbyte型の範囲は-128〜127です。

-128は、この範囲内であるためコンパイルエラーは発生しません。
したがって、不正解です。

選択肢C

5行目で使用しているlong型の範囲は-9,223,372,036,854,775,808〜9,223,372,036,854,775,807です。

9876543210Lは、この範囲内であるためコンパイルエラーは発生しません。
したがって、不正解です。

選択肢D

6行目で使用しているint型の範囲は-2,147,483,648〜2,147,483,647です。

-50000000は、この範囲内であるためコンパイルエラーは発生しません。
したがって、不正解です。

 A

2-6

重要度 ★★★

変数を定数として宣言する際に指定する修飾子はどれですか。1つ選択してください。

A. `const`
B. `final`
C. `private`
D. `public`

定数についての問題です。

定数とは、初期化後に値を変更することのできない、不変な値のことです。定数を宣言するためには、**final修飾子**を指定します。

各選択肢の解説は、以下のとおりです。

選択肢A
constはJavaでは使用できないキーワードです。したがって、不正解です。

選択肢B
finalは、初期化以降の変更を禁止します。変数に指定することで定数として宣言できる修飾子です。したがって、正解です。

選択肢C
publicは、どのクラスからでも利用可能にする修飾子です。定数宣言の修飾子ではありません。したがって、不正解です。

選択肢D
privateは、同一クラス内からのみ利用可能にする修飾子です。定数宣言の修飾子ではありません。したがって、不正解です。

参考
慣習として、定数名は「すべて大文字」で定義します。ただし、あくまでも「慣習」であるため出題の際には注意が必要です。たとえば、「すべて大文字で定義されているが定数ではない変数」などが出題文に含まれていることがあります。

 B

問題 2-7

重要度 ★☆☆

次のコードを確認してください。

```
 1:  class ConstTest {
 2:      public static void main(String args[]) {
 3:          final double PI = 0;
 4:          String COMPANY_NAME = " ";
 5:          PI = 3.14;
 6:          COMPANY_NAME = "JAVA";
 7:
 8:          System.out.println(PI);
 9:          System.out.println(COMPANY_NAME);
10:      }
11:  }
```

このコードをコンパイル、および実行すると、どのような結果になりますか。1つ選択してください。

A. 3.14
   JAVA
B. 3行目でコンパイルエラーが発生する
C. 4行目でコンパイルエラーが発生する
D. 5行目でコンパイルエラーが発生する
E. 6行目でコンパイルエラーが発生する

解説

定数についての問題です。

定数に対して、値の代入を行うと、コンパイルエラーが発生します。

定数を宣言する場合には、宣言と同時に初期化を行う必要があります。

各選択肢の解説は、以下のとおりです。

選択肢A

5行目でコンパイルエラーが発生するため実行できません。したがって、実行結果が出力されることはないため、不正解です。

選択肢B

3行目では、final修飾子を指定して定数PIを宣言しています。コンパイルエラーは発生しないため、不正解です。

選択肢C

4行目では、COMPANY_NAMEを宣言しています。定数名には慣習として大文字を使用しますが、final修飾子が指定されていないため定数ではなく変数の宣言となります。コンパイルエラーは発生しないため、不正解です。

選択肢D

5行目では、3行目で宣言した定数PIに3.14を代入していますが、定数に対して値の上書きを行うことはできないため、コンパイルエラーが発生します。したがって、正解です。

選択肢E

6行目では、4行目で宣言した変数COMPANY_NAMEに値を代入していますが、COMPANY_NAMEは定数ではないため代入は可能で、コンパイルエラーは発生しません。したがって、不正解です。

解答 D

問題 2-8

重要度 ★★☆

次のコードを確認してください。

```
1:  class VariableTest {
2:      public static void main(String args[]) {
3:          int ans = calc(2, 4);
4:          System.out.println("ans: " + (num1 + num2));
5:      }
6:
7:      public static int calc(int num1, int num2) {
8:          return num1 + num2;
9:      }
10: }
```

このコードをコンパイル、および実行すると、どのような結果になりますか。1つ選択してください。

A. 3行目でコンパイルエラーが発生する
B. 4行目でコンパイルエラーが発生する
C. 8行目でコンパイルエラーが発生する
D. 6

変数の有効範囲（スコープ）についての問題です。

ソースコード内の{}で囲まれた部分を**ブロック**と呼びます。ブロック内で宣言した変数や、メソッドの引数で宣言した変数は**ローカル変数**と呼ばれます。ローカル変数は宣言したブロック内でのみ使用できます。

```
1: class VariableTest {
2:   public static void main(String args[]) {
3:     int ans = calc(2, 4);
4:     System.out.println("ans: " + (num1 + num2));
5:   }
6:
7:   public static int calc(int num1, int num2) {
8:     return num1 + num2;
9:   }
10: }
```

NG NG

main()メソッド内で宣言している変数ではないため、コンパイルエラー

7行目
変数num1、変数num2の有効範囲

3行目では、7行目で宣言したcalc()メソッドを呼び出し、引数に2と4を渡しています。

7行目ではcalc()メソッドを宣言し、引数として変数num1と変数num2を宣言しています。calc()メソッドは変数num1と変数num2で引数を受け取り、num1 + num2の結果を戻り値として返します。

4行目では、num1 + num2の処理結果を出力していますが、コンパイルエラーが発生します。変数num1と変数num2はcalc()メソッドの引数リストとして宣言しているため、7～9行目までのcalc()メソッドのブロック内でのみ有効なローカル変数です。main()メソッド内で変数num1と変数num2を使用することはできません。

したがって、選択肢Bが正解です。

解答 B

問題 2-9

重要度 ★★☆

次のコードを確認してください。

```
 1:  class VariableTest {
 2:      public static void main(String args[]) {
 3:          int x;
 4:          x = 1;
 5:          {
 6:              x = 2;
 7:              int y = 1;
 8:              y = 2;
 9:          }
10:          x = 3;
11:          y = 3;
12:
13:          System.out.println(x + y);
14:      }
15:  }
```

このコードをコンパイル、および実行すると、どのような結果になりますか。1つ選択してください。

A. 6行目でコンパイルエラーが発生する
B. 7行目でコンパイルエラーが発生する
C. 8行目でコンパイルエラーが発生する
D. 10行目でコンパイルエラーが発生する
E. 11行目でコンパイルエラーが発生する
F. 6

解説　**変数の有効範囲（スコープ）**についての問題です。

```
1: class VariableTest {
2:     public static void main(String args[]) {
3:         int x;
4:         x = 1;
5:         {
6:             x = 2;
7:             int y = 1; //変数yの有効範囲
8:             y = 2;
9:         }
10:        x = 3;
11:        y = 3;
12:
13:        System.out.println(x + y);
14:    }
15: }
```

6行目
変数yの
有効範囲

3行目
変数xの
有効範囲

NG

ここから変数yには
アクセス不可

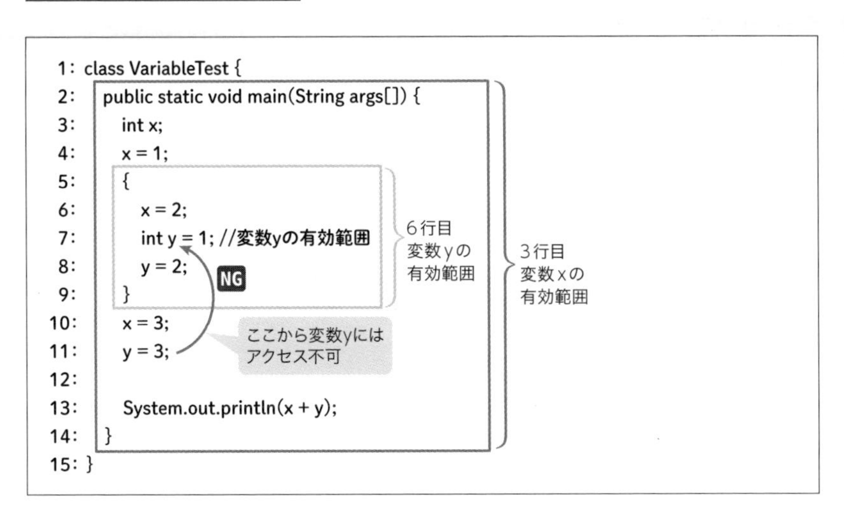

3行目では、変数xを宣言しています。変数xはmain()メソッドのブロックに属すため、main()メソッドのブロック内である2～14行目で使用可能です。

7行目では、変数yを宣言しています。変数yは5～9行目のブロックに属すため、5～9行目のブロック内からのみ使用可能です。

10行目では、3行目で宣言した変数xに値を代入していますが、変数xは2～14行目のブロック内で有効なため、コンパイルエラーは発生しません。

11行目では、7行目で宣言した変数yに値を代入していますが、変数yは5～9行目のブロック内でのみ有効なため、コンパイルエラーが発生します。

したがって、選択肢Eが正解です。

解答　E

問題 2-10

重要度 ★★☆

次のコードを確認してください。

```
1:  class Test {
2:      int num = 5;
3:      public static void main(String args[]) {
4:          int num = 10;
5:          calc(num, num);
6:          System.out.println(num);
7:      }
8:
9:      public static int calc(int num1, int num2) {
10:         int num = num1 + num2;
11:         return num;
12:     }
13: }
```

このコードをコンパイル、および実行すると、どのような結果になりますか。1つ選択してください。

A. 5
B. 10
C. 15
D. 20
E. 4行目でコンパイルエラーが発生する
F. 10行目でコンパイルエラーが発生する

変数の有効範囲（スコープ）についての問題です。

2行目、4行目、10行目で変数numを宣言しています。それぞれ異なるブロックでの変数宣言になるため、正常にコンパイルできます。同一ブロック内で同じ名前の変数を複数回宣言した場合は、コンパイルエラーが発生します。

6行目では変数numを出力していますが、6行目で使用している変数numは、4行目で宣言した変数numを指しています。5行目でcalc()メソッドを呼び出していますが、calc()メソッドから戻り値を受け取っていません。つまり、4行目で宣言した変数numは、宣言以降に値が更新されていないため、6行目では「10」が出力されます。

したがって、選択肢Bが正解です。

```
1: class Test {
2:    int num = 5;
3:    public static void main(String args[]) {
4:       int num = 10;
5:       calc(num, num);
6:       System.out.println(num);
7:    }
8:
9:    public static int calc(int num1, int num2) {
10:      int num = num1 + num2;
11:      return num;
12:   }
13: }
```

4行目で宣言している変数numを使用

4行目 変数num の有効範囲

10行目 変数num の有効範囲

2行目 変数num の有効範囲

解答 B

問題 2-11

重要度 ★★★

整数型配列の宣言、作成として適切なものはどれですか。2つ選択してください。

A. `int ary1[5];`
B. `int[] ary3 = new int[5];`
C. `int ary2 = new int[5];`
D. `int[] ary6 = new int(5);`
E. `int ary4[] = new int()[5];`
F. `int ary5[] = { 111, 222, 333 };`

解説 配列についての問題です。

配列とは、同じ型のデータを複数まとめて管理するデータ構造です。

配列宣言の構文は、以下のとおりです。

構文

```
データ型[] 配列名 = new データ型[要素数];
データ型 配列名[] = new データ型[要素数];
```

この構文として適切なものは、選択肢Bとなります。

選択肢Bで生成される配列のイメージ図は、以下のとおりです。

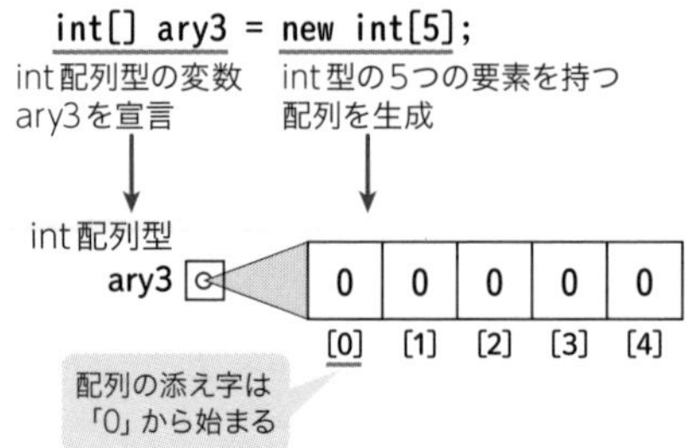

配列の要素は先頭から順に添え字（要素番号、インデックス）によって管理され、添え字は0から始まります。

配列を宣言してnewキーワードで領域を確保した場合、それぞれの要素には各データ型のデフォルト値が初期値として代入されます。今回はint型のデフォルト値である0が代入された状態となります。配列の宣言後に値を代入する場合には添え字を使用して代入を行います。

例

```
int[] ary3 = new int[5];
ary3[0] = 123;
```

上記の例では、添え字0の要素に123が代入されます。

また、配列宣言と同時に各要素の初期化を行うこともできます。{ }内で渡した値を初期値として配列の作成を行います。

配列の初期化を行う構文は、以下のとおりです。

構文

```
データ型[] 配列名 = {要素1, 要素2, 要素3, …};
データ型 配列名[] = {要素1, 要素2, 要素3, …};
```

この構文として適切なものは、選択肢Fとなります。

選択肢Fで生成される配列のイメージ図は、以下のとおりです。

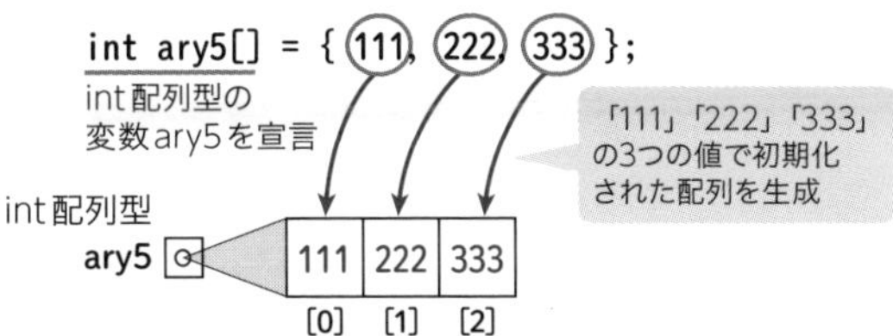

したがって、選択肢B、Fが正解です。

解答 B、F

問題 2-12

重要度 ★★☆

次のコードを確認してください。

```
1:  class ArrayTest {
2:      public static void main(String args[]) {
3:          String month[] = new String[3];
4:          month[0] = "March";
5:          month[1] = "April";
6:          month[2] = "May";
7:          // insert code here
8:          System.out.println("count: " + count);
9:      }
10: }
```

7行目にどのコードを挿入すれば、配列の要素数を出力できますか。1つ選択してください。

A. `int count = month.size;`
B. `int count = month.size();`
C. `int count = month.count;`
D. `int count = month.count();`
E. `int count = month.length;`
F. `int count = month.length();`

配列の要素数についての問題です。

lengthキーワードを使用すると、配列の要素数をint型の値として取得することができます。

配列の要素数を調べる構文は、以下のとおりです。

構文

```
配列名.length
```

各選択肢の解説は、以下のとおりです。

選択肢A、C

配列においてsizeキーワードやcountキーワードは存在しないため、不正解です。

選択肢B、D、F

配列に対してsize()メソッド、count()メソッド、length()メソッドは使用することができないため、不正解です。

選択肢E

構文として正しいです。したがって、正解です。

3〜6行目

- 3つのString型の要素を持つ配列monthを生成
- 添え字[0]、[1]、[2]の各要素に値を代入

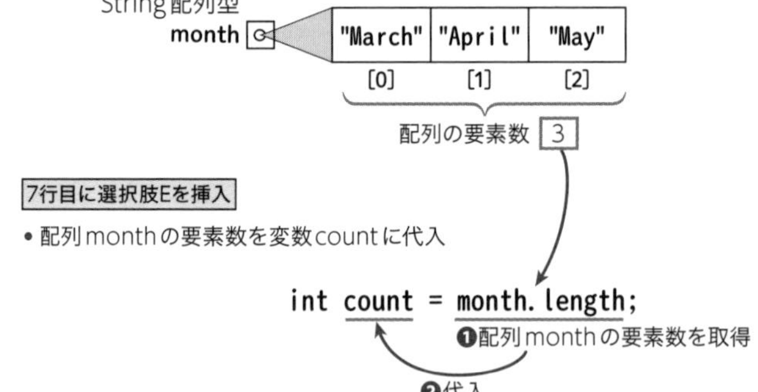

解答 E

問題 2-13

重要度 ★★☆

次のコードを確認してください。

```
 1: class ArrayTest {
 2:     public static void main(String[] args) {
 3:         String[] str = { "AAA", "BBB", "CCC" };
 4:         char ch[] = { 'A', 'B' };
 5:         int[] i = { 100, 200, 300, 400 };
 6:         System.out.print(str[1] + ":");
 7:         System.out.print(ch[2] + ":");
 8:         System.out.print(i[3]);
 9:     }
10: }
```

このコードをコンパイル、および実行すると、どのような結果になりますか。1つ選択してください。

A. AAA:B:300
B. 実行時エラーが発生する
C. コンパイルエラーが発生する
D. 何も出力されない

配列の要素へのアクセスについての問題です。

配列の要素へアクセスする場合は、以下のように指定します。

構文

配列名 [添え字]

配列の要素は0からスタートし、また存在しない添え字にアクセスした場合はコンパイルエラーではなく、実行時エラーが発生します。

実行時エラーの種類としては「ArrayIndexOutOfBoundsException」が発生します。

4行目で初期化された配列chは'A'を「0番目の要素」として、'B'を「1番目の要素」として保持しています。

ただし、7行目で出力しようとしているのは、ch[2]であり、存在しない「2番目の要素」となります。

したがって、選択肢Bが正解です。

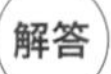 B

問題 2-14

重要度 ★★☆

次のコードを確認してください。

```
class DefaultValue {
    public static void main(String args[]) {
        int i[] = new int[3];
        char c[] = new char[2];
        String s[] = new String[3];
        System.out.print(i[0] + ":");
        System.out.print(c[1] + ":");
        System.out.print(s[2] + ":");
    }
}
```

このコードをコンパイル、および実行すると、どのような結果になりますか。1つ選択してください（出力はWindows上のコマンドプロンプトで実行した想定です）。

A. 0: :null:
B. 0:¥u0000:null:
C. 実行時エラーが発生する
D. コンパイルエラーが発生する
E. 何も出力されない

解説 **配列**についての問題です。

配列を宣言して**newキーワード**で配列を生成後、明示的に値を代入していない要素は、初期値で初期化されます。

各データ型の初期値は以下のとおりです。

|表| **データ型の初期値**

データ型	初期値
byte	0
short	0
int	0

データ型	初期値
long	0
float	0.0f
double	0.0d
char	'¥u0000'
boolean	false
参照型（String型など）	null

char型の初期値'¥u0000'は空文字を表します。そのため、出力結果は「0: :null:」となります。したがって、選択肢Aが正解です。

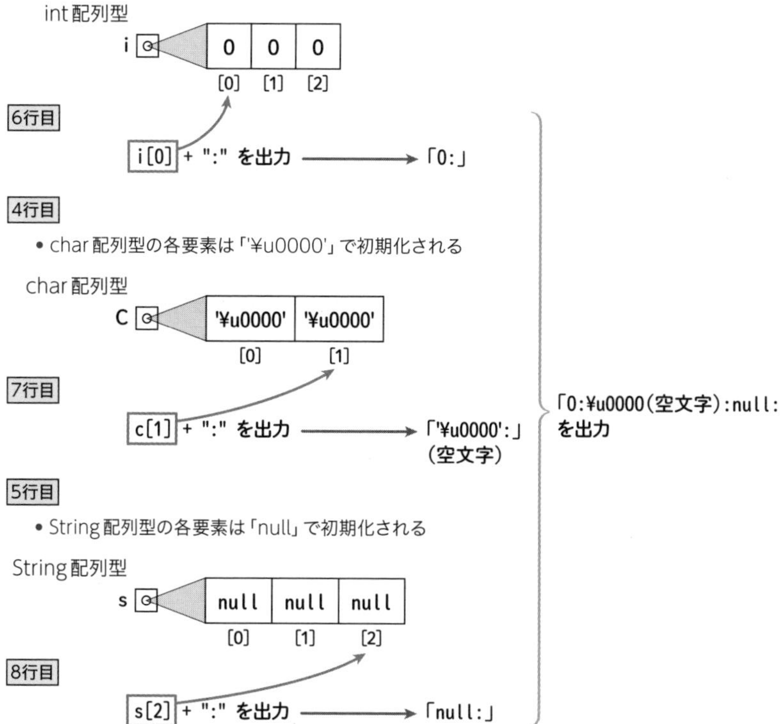

解答 A

問題 2-15

重要度 ★☆☆

次のコードを確認してください。

```
1:  class Ary {
2:      public static void main(String[] args) {
3:          String s[] = { "foo", "bar", "baz" };
4:          int i[] = new int[3];
5:          char c[] = new char[5];
6:
7:          i[1] = 100;
8:          i[2] = 200;
9:
10:         c[0] = 'A';
11:         c[1] = 'B';
12:         c[2] = 'C';
13:         c[3] = 'D';
14:
15:         System.out.println("length : " +
16:             (s.length + i.length + c.length));
17:     }
18: }
```

このコードをコンパイル、および実行すると、どのような結果になりますか。1つ選択してください。

A. length : 9
B. length : 10
C. length : 11
D. length : 12
E. コンパイルエラーが発生する
F. 実行時エラーが発生する

配列の要素数についての問題です。

配列名.lengthを実行することで、配列の要素数をint型の値として取得することができます。

3行目ではString型の配列を宣言し、初期化しています。配列の初期化を行うと、{ }の中に渡した値に応じて要素を確保するため、配列sの要素数は3となります。

• "foo"、"bar"、"baz"の3つの値で初期化して配列を生成

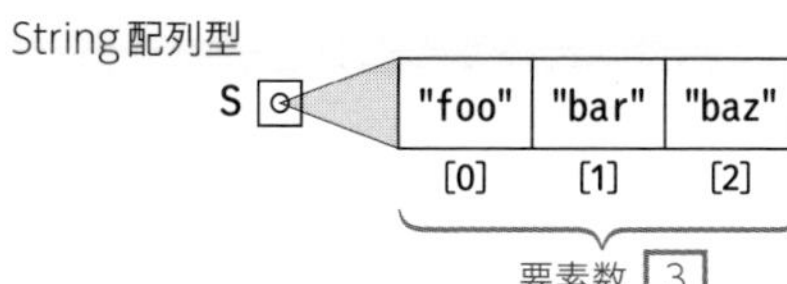

4行目と5行目で定義している配列iと配列cは、それぞれ右辺の式で要素数を3と5で宣言するため、配列iの要素数は3、配列cの要素数は5になります。

7行目以降では、配列iと配列cにそれぞれ値を代入していますが、各要素に値が代入されているか否かは、配列の要素数とは関係ありません。

また、値を代入していない要素は、配列を宣言した時点で初期値が割り当てられるため、i[0]には0が初期値として代入されます。c[4]には'¥u0000'が初期値として代入されます。

4〜13行目で生成される配列のイメージ図は、以下のとおりです。

4行目

• int型の3つの要素を持つ配列を生成

7〜8行目

• i[1]に100を代入、i[2]に200を代入

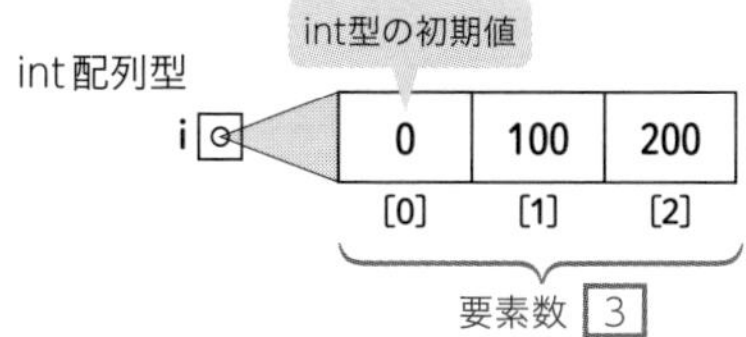

5行目

• char型の5つの要素を持つ配列を生成

10〜13行目

• c[0]〜c[3]に値を代入

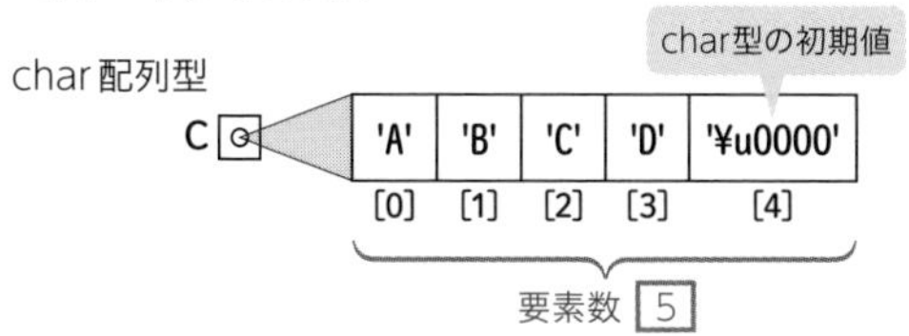

したがって、15〜16行目で出力している要素数の合計は（3＋3＋5）で11となるため、選択肢Cが正解です。

解答 C

問題

2-16

重要度 ★★★

次のコードを確認してください。

```
1:  class Test {
2:      public static void main(String[] args) {
3:          char[] ary1 = new char[5];
4:          ary1[0] = 'S';
5:          ary1[1] = 'E';
6:          char[] ary2 = { 'S','t','a','n','d','a','r','d' };
7:          ary1 = ary2;
8:          System.out.print(ary1);
9:      }
10: }
```

このコードをコンパイル、および実行すると、どのような結果になりますか。1つ選択してください。

A. SEand
B. Stand
C. Standard
D. コンパイルエラーが発生する
E. 実行時エラーが発生する

配列の代入についての問題です。

3行目で要素数5つの配列ary1が生成されます。続いて配列ary1の0番目の要素に'S'、1番目の要素に'E'を代入します。残り3つの要素には、初期値の空文字('¥u0000')が格納されています。

6行目で、'S'、't'、'a'、'n'、'd'、'a'、'r'、'd'の8文字を初期値とした要素数8つの配列ary2が生成されます。

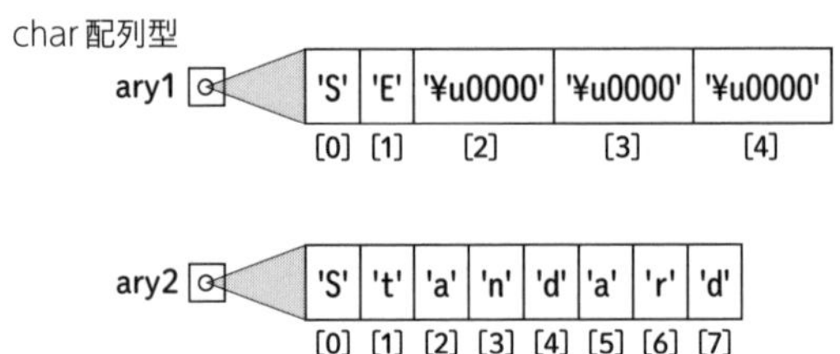

7行目でary1にary2を代入しています。配列は「参照型」のデータとなるため代入は「参照情報」を代入します。

イメージの図は、以下のとおりです。

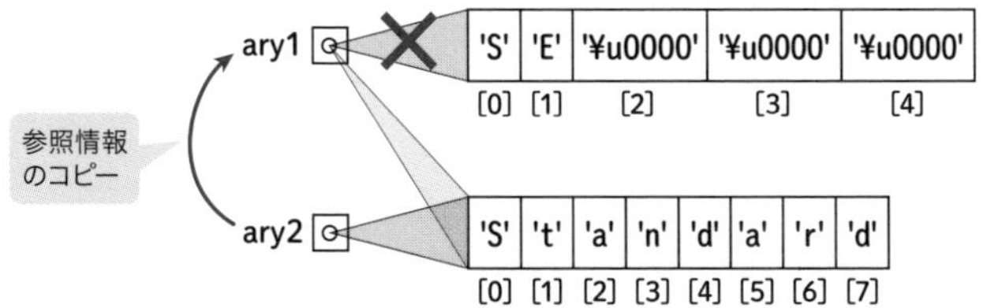

※ary1とary2は同じ配列を参照する

つまり、配列型変数ary1もary2も同じ配列を参照することになります。

8行目でary1を出力することで参照先の配列の全要素が出力されます。

したがって、選択肢Cが正解です。

解答 C

問題 2-17

重要度 ★★☆

次のコードを確認してください。

```
class java {
    public static void main(String[] args) {
        System.out.print(args[0] + " ");
        System.out.print(args[1] + " ");
        System.out.print(args[2] + " ");
    }
}
```

このコードをコンパイルし、java java java java java というコマンドを実行すると、どのような結果になりますか。1つ選択してください。

A. `java java java java`
B. `java java java`
C. `java java`
D. 実行時エラーが発生する

コマンドライン引数についての問題です。

コマンドライン引数とは実行時にプログラムに渡すデータです。

コマンドライン引数を指定する際の構文は、以下のとおりです。

構文

```
java クラス名 引数1 引数2 …
```

コマンドライン引数はmain()メソッドの配列argsの要素として順番に格納されます。

javaというキーワードはJava言語の実行コマンド名ですが、予約語ではないためクラス名として使用することができます。

設問の実行コマンドは、「javaというクラス名のクラスを実行する際に、コマンドライン引数を3つ渡す」という意味になります。

したがって、main()メソッドの配列argsには3つの要素が渡され、3行目から5行目で全要素が出力されるため、選択肢Bが正解です。

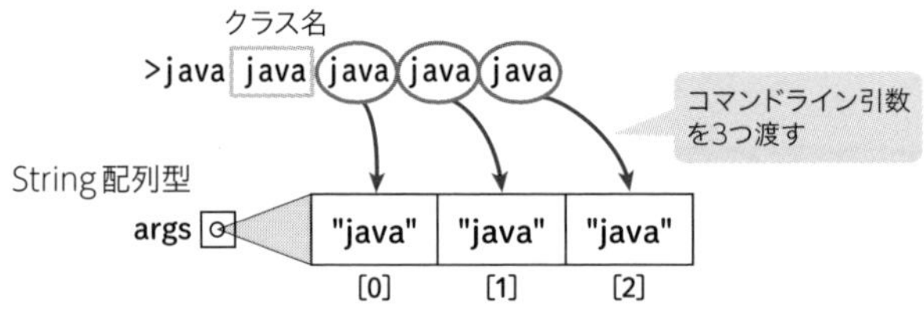

解答 B

問題 2-18

重要度 ★★★

次のコードを確認してください。

```
1:  class Calc {
2:      public static void main(String[] args) {
3:          System.out.println("sum : " + (args[0] + args[1]));
4:      }
5:  }
```

このコードをコンパイルし、java Calc 100 200 と実行すると、どのような結果になりますか。1つ選択してください。

A. sum : 300
B. sum : 100200
C. sum : 100+200
D. 実行時エラーが発生する

コマンドライン引数と**文字列結合**についての問題です。

実行時に100、200という2つのコマンドライン引数を渡しています。

3行目ではargs[0] + args[1]の結果を出力していますが、コマンドライン引数はString型配列argsの要素として格納されるため、実行時に渡した2つのコマンドライン引数は整数値ではなく、文字列になります。よって、args[0] + args[1]の処理は数値の加算ではなく、文字列の結合となり「100200」が生成されます。

したがって、3行目では「sum : 100200」と出力されるため、選択肢Bが正解です。

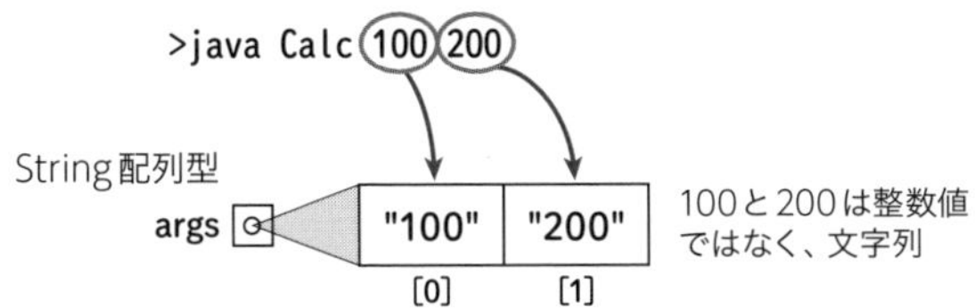

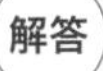 B

問題 2-19

重要度 ★★★

次のコードを確認してください。

```
1:  class Calc {
2:      public static void main(String[] args) {
3:          System.out.println("sum : " + (args[1] + args[2]));
4:      }
5:  }
```

このコードをコンパイルし、java Calc 100 200 と実行すると、どのような結果になりますか。1つ選択してください。

A. sum : 300
B. sum : 100200
C. sum : 100+200
D. 実行時エラーが発生する

コマンドライン引数についての問題です。

実行時に100、200の2つのコマンドライン引数を渡しています。

3行目でコマンドライン引数を出力していますが、args[1]＋args[2]と添え字を指定しています。実行時に渡した引数はmain()メソッドの引数で宣言しているString型の配列として添え字0から順に格納されます。渡した引数はargs[0]、args[1]に格納されるため、args[2]の要素は存在しません。範囲外の要素にアクセスすることによって、ArrayIndexOutOfBoundsExceptionという実行時エラーが発生します。

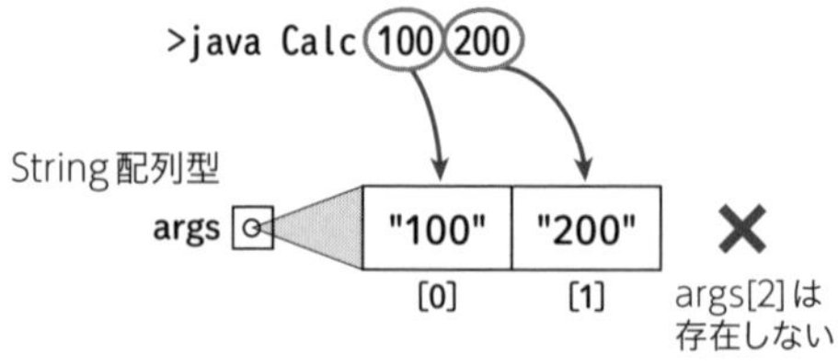

範囲外の存在しない配列要素に対してアクセスするコードがあっても、コンパイルでは検知できません。つまり、3行目が実行されたタイミングでエラーが発生し、プログラムは強制終了します。

したがって、選択肢Dが正解です。

解答 D

問題 2-20

重要度 ★★★

次のコードを確認してください。

```
 1: class MainTest {
 2:     public static void main(int[] args) {
 3:         System.out.println("result : " + args[0] + args[1]);
 4:     }
 5:     public static void main(String[] args) {
 6:         System.out.println("result = " + args[2] + args[3]);
 7:     }
 8:     public static void main(char[] args) {
 9:         System.out.println("result = " + args[4] + args[5]);
10:     }
11: }
```

このコードをコンパイルし、java MainTest aa bb cc dd ee ff と実行すると、どのような結果になりますか。1つ選択してください。

A. result = ccdd
B. result = eeff
C. result = aabb
D. 実行時エラーが発生する

main()メソッドとコマンドライン引数についての問題です。

javaコマンドは実行時に指定したクラスに定義されているmain()メソッドを呼び出し、処理を開始します。呼び出されるmain()メソッドは以下のように宣言します。

main()メソッド

```
public static void main(String[] args)
```

コマンドライン引数はmain()メソッドの引数である、String配列型argsの要素として格納されることになります。

javaコマンドによって呼び出されるメソッドは、5行目のmain()メソッドのみです。それ以外のmain()メソッドは明示的に呼び出さなければ、実行されることはありません。

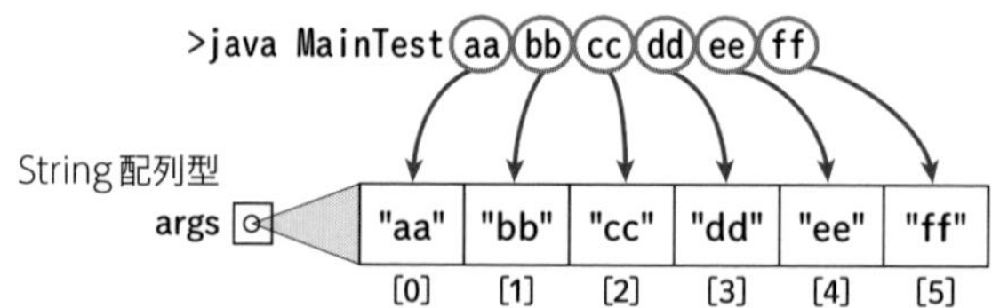

6行目では"result = " + args[2] + args[3]と記述しています。args[2]には"cc"、args[3]には"dd"が格納されるため、「result = ccdd」が正しい出力となります。

したがって、選択肢Aが正解です。

A

アクセスキー 9 (数字のきゅう)

3章

演算子と分岐文

本章のポイント

▶ **各種演算子の使用**
変数やリテラルの演算に使用する演算子について理解します。

重要キーワード
算術演算子、代入演算子、複合代入演算子、インクリメント演算子、デクリメント演算子、関係演算子、論理演算子、三項演算子

▶ **演算子の優先順位**
1つの文において、演算子を複数使用した場合の優先順位について理解します。また、( )を使用することによって優先的に処理が行われることについても理解します。

▶ **if、if-else文の定義と使用**
条件式をもとに処理を分岐するif文を理解します。多分岐を行うために使用するelse if文もあわせて理解します。

▶ **switch文の定義と使用**
byte型、short型、int型、char型、列挙(enum)型、String型の式結果をもとに処理を分岐するswitch文を理解します。

問題 3-1

重要度 ★☆☆

次のコードを確認してください。

```
 1: class IncrementTest {
 2:     public static void main(String args[]) {
 3:         int a = 5;
 4:         int b = 6;
 5:
 6:         int x = ++a;
 7:         int y = b++;
 8:
 9:         x = y++;
10:         y = x++;
11:
12:         System.out.println("x: " + x + " y: " + y);
13:     }
14: }
```

このコードをコンパイル、および実行すると、どのような結果になりますか。1つ選択してください。

A. x: 5 y: 6
B. x: 7 y: 6
C. x: 7 y: 7
D. x: 8 y: 9

インクリメント演算子、**デクリメント演算子**についての問題です。

|表| インクリメント演算子、デクリメント演算子

演算子	使用例	意味
++	i++ または ++i	iに1を加える
--	i-- または --i	iから1を引く

インクリメント演算子、デクリメント演算子は、代入演算子(=)と併用した場合、++や--が前置か後置かで処理の順序が異なるため注意が必要です。

6行目では、インクリメント演算子を変数aの前に配置（前置）しています。この場合は変数aの値に1を加えてから変数xに代入するため、6行目の処理が終了した時点で、変数xは6を保持します。

7行目では、インクリメント演算子を変数bの後ろに配置（後置）しています。この場合は変数bの値を変数yに代入してから変数bの値に1を加えるため、7行目の処理が終了した時点で、変数yは6を保持します。

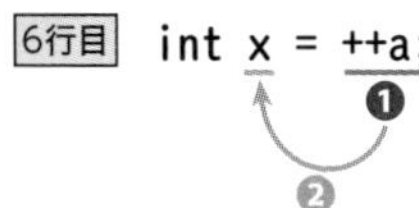

6行目処理後

x	a
6	6

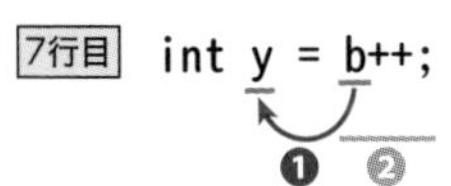

7行目処理後

y	b
6	7

9行目では、変数xに変数yの値を代入してから変数yの値に1を加えるため、9行目の処理が終了した時点で変数xは6を、変数yは7を保持します。

10行目では、変数yに変数xの値を代入してから変数xの値に1を加えるため、10行目の処理が終了した時点で変数xは7を、変数yは6を保持します。

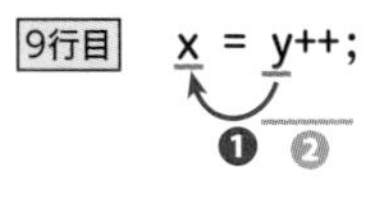

9行目処理後

x	y
6	7

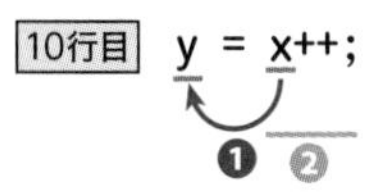

10行目処理後

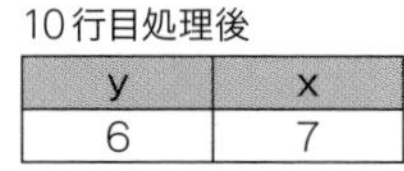

y	x
6	7

したがって、12行目では「x: 7 y: 6」と出力されるため、選択肢Bが正解です。

解答 B

問題 3-2

重要度 ★☆☆

次のコードを確認してください。

```
 1: class RelationalTest {
 2:     public static void main(String args[]) {
 3:         int num1 = 10;
 4:         int num2 = 10;
 5:         int num3 = 20;
 6:         int num4 = 30;
 7:
 8:         System.out.println(num1 != num2);
 9:         System.out.println(num1 < num3);
10:         System.out.println(num1 >= num2);
11:         System.out.println(num1 == num4);
12:     }
13: }
```

trueが出力されるのは何行目ですか。1つ選択してください。

A. 8行目、10行目
B. 9行目、10行目
C. 8行目、9行目、10行目
D. 9行目、10行目、11行目

関係演算子についての問題です。

| 表 | **関係演算子**

演算子	使用例	意味
<	a < b	aはbより小さい
>	a > b	aはbより大きい
<=	a <= b	aはbより小さいか等しい
>=	a >= b	aはbより大きいか等しい
==	a == b	aとbは等しい
!=	a != b	aとbは等しくない

8行目では、変数num1と変数num2を!=演算子で比較しているため、10 != 10の比較式になります。!=演算子は左辺と右辺が異なる値である場合にtrueを返します。条件を満たしていないため、8行目では「false」と出力されます。

9行目では、変数num1と変数num3を<演算子で比較しているため、10 < 20の比較式になります。<演算子は、左辺が右辺よりも小さい場合にtrueを返します。条件を満たしているため、9行目では「true」と出力されます。

10行目では、変数num1と変数num2を>=演算子で比較しているため、10 >= 10の比較式になります。>=演算子は、左辺が右辺より大きい、もしくは等しい場合にtrueを返します。条件を満たしているため、10行目では「true」と出力されます。

11行目では、変数num1と変数num4を==演算子で比較しているため、10 == 30の比較式になります。==演算子は、左辺と右辺が等しい値の場合にtrueを返します。条件を満たしていないため、11行目では「false」と出力されます。

したがって、9行目と10行目で「true」と出力されるため、選択肢Bが正解です。

解答 B

問題 3-3

重要度 ★☆☆

次のコードを確認してください。

```
1:  class TernaryTest {
2:      public static void main(String args[]) {
3:          int a = 10;
4:          int b = 5;
5:          boolean ans = (a < b ? false : true);
6:          System.out.println(ans);
7:      }
8:  }
```

このコードをコンパイル、および実行すると、どのような結果になりますか。1つ選択してください。

A. false
B. true
C. コンパイルエラーが発生する
D. コンパイルは成功するが、実行時エラーが発生する

解説 **三項演算子**についての問題です。

5行目では、三項演算子を使用しています。

三項演算子の構文は、以下のとおりです。

構文

```
条件式 ? 式1 : 式2
```

三項演算子を使用すると、条件式の判定がtrueの場合に式1、falseの場合に式2が結果として返ります。

5行目では、条件式の判定がtrueの場合にfalseを変数ansに代入し、条件式の判定がfalseの場合にtrueを変数ansに代入します。

条件式は<演算子を使用して変数aと変数bを比較しており、10 < 5という比較式になります。比較式の判定はfalseになりますが、式2にはtrueが定義されているため、変数ansに代入される値はtrueになります。

したがって、6行目では「true」と出力されるため、選択肢Bが正解です。

解答 B

問題 3-4

重要度 ★☆☆

次のコードを確認してください。

```
class AssignmentTest {
    public static void main(String args[]) {
        int a = 8;
        int b = 2;

        a += b; a -= b;
        b *= a; b %= a;

        int x = b; int y = a;

        System.out.println("x: " + x + " y: " + y);
    }
}
```

このコードをコンパイル、および実行すると、どのような結果になりますか。1つ選択してください。

A. x: 8 y: 0
B. x: 0 y: 8
C. x: 6 y: 0
D. x: 0 y: 6

代入演算子についての問題です。

|表| **代入演算子**

演算子	使用例	意味
=	a = b	bをaに代入する

|表| **複合代入演算子**

演算子	使用例	意味
+=	a += b	aにbを加えた値をaに代入する
−=	a −= b	aからbを引いた値をaに代入する
*=	a *= b	aにbを掛けた値をaに代入する
/=	a /= b	aをbで割った値をaに代入する
%=	a %= b	aをbで割った余りをaに代入する

6行目では、+=演算子を使用してa + bの結果を変数aに代入しているため、変数aは10、変数bは2を保持します。次に−=演算子を使用してa − bの結果を変数aに代入しており、変数aは8、変数bは2を保持します。

6行目 `a += b;`

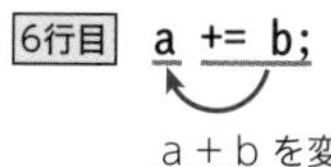

a + b を変数aに代入
8 + 2

a	b
10	2

`a -= b;`

a - b を変数aに代入
10 - 2

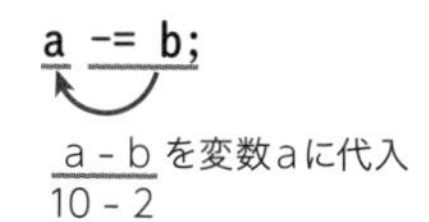

6行目処理後

a	b
8	2

7行目では、*=演算子を使用してb * aの結果を左辺の変数bに代入しているため、変数aは8、変数bは16を保持します。次に%=演算子を使用してb % aの結果を左辺の変数bに代入しています。%=演算子は左辺を右辺で割った余りを求めるため変数aは8、変数bは0を保持します。

7行目 `b *= a;`

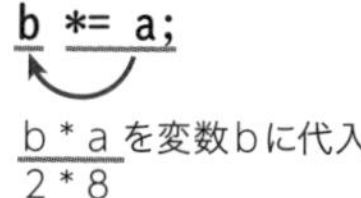

b * a を変数bに代入
2 * 8

b	a
16	8

`b %= a;`

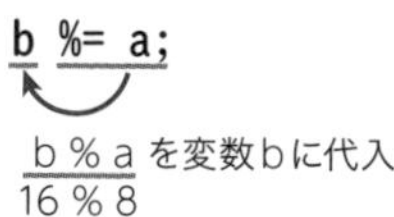

b % a を変数bに代入
16 % 8

7行目処理後

b	a
0	8

9行目では、変数xに変数bを代入し変数yに変数aを代入しているため、11行目では「x: 0 y: 8」と出力されます。

したがって、選択肢Bが正解です。

解答 B

問題 3-5

重要度 ★☆☆

次のコードを確認してください。

```
class LogicalTest {
    public static void main(String args[]) {
        int a = 2, b = 4, c = 6, d = 8;

        System.out.print( (a < b) && (d >= c) );
        System.out.print(" : ");
        System.out.print( (c > a) || !(c < b) );
    }
}
```

このコードをコンパイル、および実行すると、どのような結果になりますか。1つ選択してください。

A. false : true
B. false : false
C. true : true
D. true : false

論理演算子についての問題です。

|表| **論理演算子**

演算子	使用例	意味
!	!(a < b)	論理否定(NOT)
&&	(a > b) && (b == c)	論理積(AND)
||	(a != b) || (b > c)	論理和(OR)

｜表｜ **条件1 && 条件2**

・条件1と条件2が両方ともtrueのときにtrue
・条件1がfalseなら条件2は評価しない

条件1 && 条件2	結果
true && true	true
true && false	false
false && true	false
false && false	false

｜表｜ **条件1 || 条件2**

・条件1か条件2のどちらか一方がtrueのときにtrue
・条件1がtrueなら条件2は評価しない

条件1 || 条件2	結果
true || true	true
true || false	true
false || true	true
false || false	false

5行目では、&&演算子を使用した比較を行っています。左辺はa < bの式によりtrue、右辺はd >= cの式によりtrueになります。&&演算子は、両辺がtrueの場合に結果としてtrueを返すため、5行目ではtrueが出力されます。

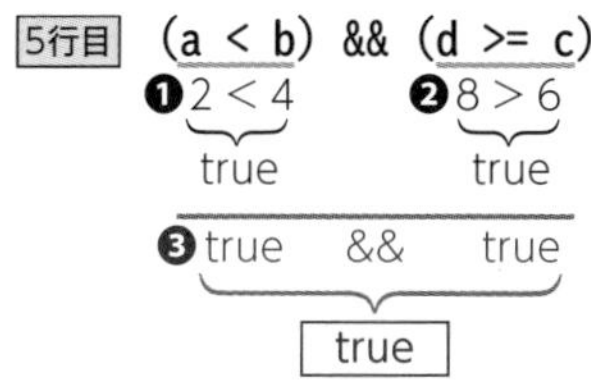

7行目では、|| 演算子を使用した比較を行っています。左辺はc > aの式によりtrueとなります。右辺は6 < 4のためfalseとなりますが、! 演算子を使用することでtrueになります。したがって、左辺、右辺ともにtrueとなるため7行目の結果はtrueとなります。

ただし、|| 演算子は、左辺がtrueの場合には右辺の評価を行わずにtrue判定となるため、実際には7行目では右辺の評価は行わずに、結果としてtrueが出力されます。

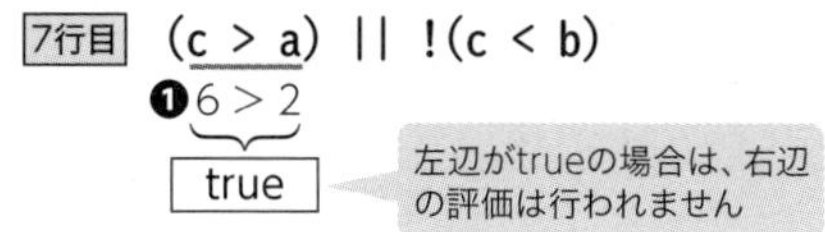

したがって、実行結果は「true : true」と出力されるため、選択肢Cが正解です。

解答 C

問題 3-6

重要度 ★★★

次のコードを確認してください。

```
 1:  class ComparingTest {
 2:      public static void main(String args[]) {
 3:          int a = 7, b = 5, c = 4, d = 6;
 4:
 5:          System.out.print((b >= d) && (a <= c++));
 6:          System.out.print(" : ");
 7:          System.out.print((c <= b) | (a == ++d));
 8:          System.out.print(" : ");
 9:          System.out.print(c + " : " + d);
10:      }
11:  }
```

このコードをコンパイル、および実行すると、どのような結果になりますか。1つ選択してください。

A. false : true : 4 : 6
B. false : true : 4 : 7
C. false : true : 5 : 6
D. false : true : 5 : 7

論理演算子についての問題です。

5行目では&&演算子を使用した比較を行っています。左辺はb >= dの式によりfalseとなります。&&演算子では左辺がfalseとなった時点で、右辺の結果に関係なく最終的な結果がfalseと確定しますので、右辺の処理は実行されません。

| 表 | **論理演算子の種類**

演算子	意味
&&	左辺がfalseの時点で右辺は実行しない
&	左辺がfalseであったとしても、右辺の比較を実行
||	左辺がtrueの時点で右辺は実行しない
|	左辺がtrueであったとしても、右辺の比較を実行

7行目では | 演算子を使用した比較を行っています。左辺はc <= bの式となりますが、cの値は初期値から変わっていないため4<=5となり、trueとなります。今回は | 演算子となるため、左辺がtrueであっても右辺の処理を行うため、a == ++dの式が実行され、比較の前に変数dに1がインクリメントされ、7==7となります。

よって、変数cは出力まで初期値の4、変数dは7行目で加算されているため7が出力されます。

したがって、実行結果は「false : true : 4 : 7」と出力されるため、選択肢Bが正解です。

解答 B

問題 3-7

重要度 ★☆☆

次のコードを確認してください。

```
class Operator {
    public static void main(String args[]) {
        boolean b1 = true, b2 = false, b3 = true;
        System.out.println(b1 && b3 && b2 || b3);
    }
}
```

このコードをコンパイル、および実行すると、どのような結果になりますか。1つ選択してください。

A. true
B. false
C. truefalsetrue
D. コンパイルエラーが発生する

解説 **演算子の優先順位**についての問題です。

|表| **演算子の優先順位**

<table>
<tr><th>演算子</th><th>優先度</th></tr>
<tr><td>++　--　+　-　~　!　キャスト演算子</td><td rowspan="13">高
↕
低</td></tr>
<tr><td>*　/　%</td></tr>
<tr><td>+　-</td></tr>
<tr><td><<　>>　>>></td></tr>
<tr><td><　>　<=　>=　instanceof</td></tr>
<tr><td>==　!=</td></tr>
<tr><td>&</td></tr>
<tr><td>^</td></tr>
<tr><td>|</td></tr>
<tr><td>&&</td></tr>
<tr><td>||</td></tr>
<tr><td>?:</td></tr>
<tr><td>=　*=　/=　%=　+=　-=　<<=　>>=
>>>=　&=　^=　|=</td></tr>
</table>

4行目では、**論理演算子**を使用した比較を行っています。論理演算子は左結合のため評価式は左から順に判定されます。

よって、4行目の比較式は、最初にb1 && b3が評価されtrueになります。次にtrue && b2が評価されfalseになります。最後にfalse || b3が評価されてtrueになります。

したがって、実行結果は「true」と出力されるため、選択肢Aが正解です。

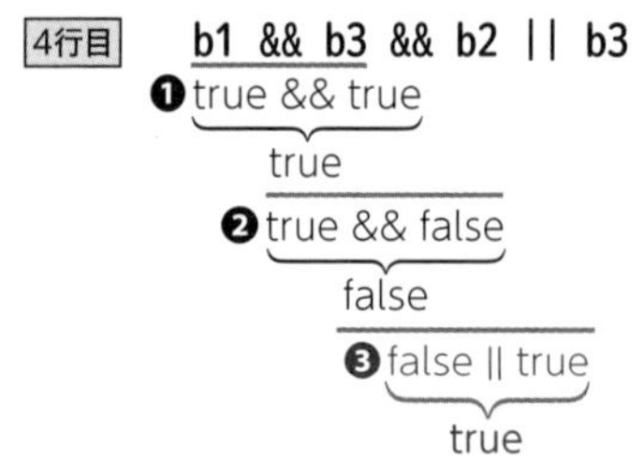

解答 A

問題 3-8

重要度 ★☆☆

次のコードを確認してください。

```
1:  class Calc {
2:      public static void main(String args[]) {
3:          int a = 3;
4:          int b = 5;
5:          b += (a + a) * b;
6:          a += b += a;
7:          System.out.println("a: " + a + " b: " + b);
8:      }
9:  }
```

このコードをコンパイル、および実行すると、どのような結果になりますか。1つ選択してください。

A. a: 35 b: 43
B. a: 41 b: 38
C. a: 43 b: 35
D. a: 35 b: 40

演算子の優先順位についての問題です。

( ) で囲まれている部分は優先度が高くなります。

5行目では、最初にa + aが実行され結果は6となります。次に6 * bが実行されて30が求められ、次にb += 30により変数bに35が代入されます。

5行目 **b += (a + a) * b;**

❶ 3 + 3 → 6

❷ 6 * 5 → 30

5 + 30 → 35を変数bに代入

6行目では3つの変数を+=演算子で結合した処理になっていますが、+=演算子は右結合になります。このため最初にb += aが実行され、変数bに38が代入されます。次にa += bが実行され変数aに41が代入されます。

6行目 `a += b += a;`

❶ 35 + 3 → 38を変数bに代入

❷ 38 + 3 → 41を変数aに代入

したがって、7行目では「a: 41 b: 38」と出力されるため、選択肢Bが正解です。

解答 B

問題 3-9

重要度 ★★☆

次のコードを確認してください。

```
1:  class Calc {
2:      public static void main(String[] args) {
3:          int num1 = 5;
4:          int num2 = (num1 = 3 + num1) + num1;
5:          int num3 = (num2 = (num2 - num1));
6:          System.out.println(num1 + " " + num2 + " " + num3);
7:      }
8:  }
```

このコードをコンパイル、および実行すると、どのような結果になりますか。1つ選択してください。

A. 8 8 8
B. 5 8 8
C. 8 16 8
D. 5 16 8

演算子の優先順位についての問題です。

3行目では、変数num1に5が代入されます。

4行目では、最初に( )で囲まれている3 + num1が実行され、8が変数num1に代入されます。次にnum1 + num1が実行され、16が変数num2に代入されます。

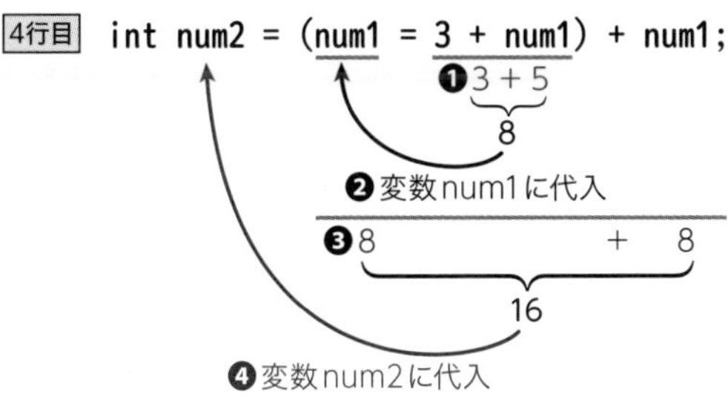

5行目では、最初に内側の( )で囲まれているnum2 − num1が実行され、8がnum2に代入されます。次に変数num2の値である8を変数num3へ代入しています。

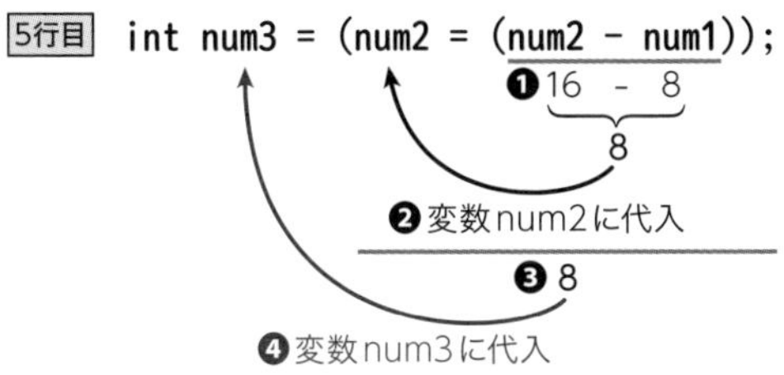

したがって、6行目では「8 8 8」と出力されるため、選択肢Aが正解です。

解答 A

問題 3-10

重要度 ★★★

次のコードを確認してください。

```
1:  public class Calc {
2:      public static void main(String[] args) {
3:          int num1 = 3;
4:          int num2 = 5;
5:          System.out.print((3 + 6 * 8 / 2) + " ");
6:          System.out.print(++num1 * num2++ + " ");
7:          System.out.print(num1++ * ++num2);
8:      }
9:  }
```

このコードをコンパイル、および実行すると、どのような結果になりますか。1つ選択してください。

A. 27 20 20
B. 36 10 10
C. 36 20 20
D. 27 20 28

解説 **演算子の優先順位**についての問題です。

5行目では、最初に6 * 8が実行され48になります。次に48 / 2が実行され24になります。次に3 + 24が実行され、5行目では「27 」が出力されます。

6行目では、最初に++num1により、変数num1がインクリメントされ4になります。次にnum1 * num2が実行され「20 」が出力されます。num2++は出力処理後にインクリメントし、変数num2が6になります。

7行目では、最初に++num2により、変数num2がインクリメントされ7になります。次にnum1 * num2が実行され「28」が出力されます。

したがって、実行結果は「27 20 28」と出力されるため、選択肢Dが正解です。

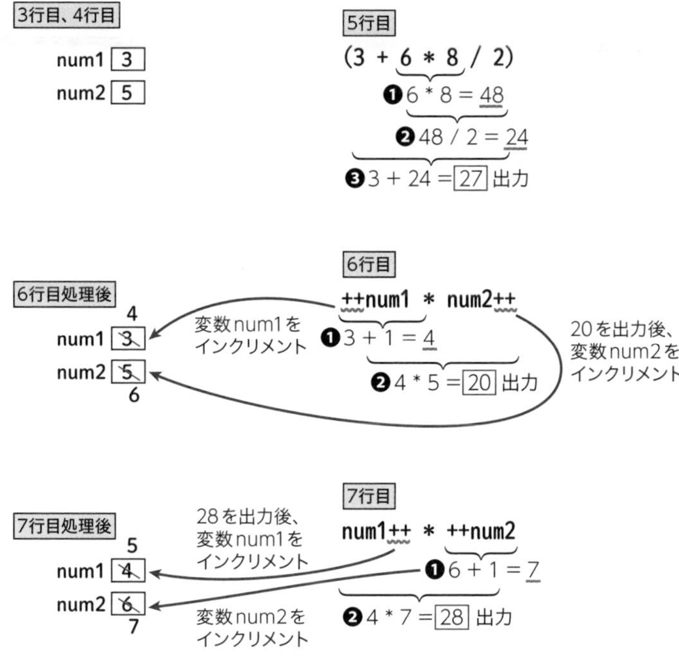
3行目、4行目
num1 3
num2 5
5行目
(3 + 6 * 8 / 2)
❶6 * 8 = 48
❷48 / 2 = 24
❸3 + 24 = 27 出力
6行目
++num1 * num2++
❶3 + 1 = 4
❷4 * 5 = 20 出力
6行目処理後
num1 3 4
num2 5 6
変数num1を
インクリメント
20を出力後、
変数num2を
インクリメント
7行目
num1++ * ++num2
❶6 + 1 = 7
❷4 * 7 = 28 出力
7行目処理後
num1 4 5
num2 6 7
28を出力後、
変数num1を
インクリメント
変数num2を
インクリメント

解答 D

問題 3-11

重要度 ★★☆

次のコードを確認してください。

```
 1: class IfTest {
 2:     public static void main(String args[]) {
 3:         int i = 3;
 4:
 5:         // insert code here
 6:             System.out.println("true");
 7:         } else {
 8:             System.out.println("false");
 9:         }
10:     }
11: }
```

5行目にどのコードを挿入すると、コンパイルエラーが発生しますか。1つ選択してください。

A. `if(i <= i) {`
B. `if(i == 3) {`
C. `if(i = 3) {`
D. `if(i != 3) {`
E. `if(true) {`

解説

if文についての問題です。

if文は条件式を評価した結果にもとづいて処理を分岐する場合に使用します。条件式の判定はboolean型の値（true/false）で行います。

if文の構文は、以下のとおりです。

構文

```
if(条件式) {
    // 処理文;   条件式の結果がtrueであれば実行
}
```

if-else文の構文は、以下のとおりです。

構文

```
if(条件式) {
    // 処理文1;  条件式の結果がtrueであれば実行
} else {
    // 処理文2;  条件式の結果がfalseであれば実行
}
```

else if文の構文は、以下のとおりです。

構文

```
if(条件式1) {
    // 処理文1;  条件式1の結果がtrueであれば実行
} else if(条件式2) {
    // 処理文2;  条件式1の結果がfalseで、条件式2の結果がtrueであれば実行
} else {
    // 処理文3;  すべての条件式の結果がfalseであれば実行
}
```

各選択肢の解説は、以下のとおりです。

選択肢A、B、D、E

if文の条件結果にboolean型の値が使用されているため、コンパイルエラーは発生しません。したがって、不正解です。

選択肢C

i = 3は変数iに3を代入する式になるため、trueもしくはfalseの結果にならず、条件式として正しくないためコンパイルエラーが発生します。したがって、正解です。

解答 C

3-12

重要度 ★★★

次のコードを確認してください。

```
 1: class IfTest {
 2:     public static void main(String args[]) {
 3:         int x = 5;
 4:         int y = 7;
 5:
 6:         if(x > y)
 7:             System.out.println("A ");
 8:             System.out.println("B ");
 9:         else
10:             System.out.println("C ");
11:             System.out.println("D ");
12:     }
13: }
```

このコードをコンパイル、および実行すると、どのような結果になりますか。1つ選択してください。

A. A
B. A B
C. C
D. C D
E. コンパイルエラーが発生する

if文についての問題です。

6行目では、if文を定義する際に{ }を省略しています。{ }を省略した場合は次の1文がif文の処理として扱われます。

7行目は、if文の処理として扱われますが、else文はif文と組み合わせて使用する必要があるため、{ }を省略する場合には8行目の処理の前にelse文を定義する必要があります。

9行目でelse文を定義していますが、6行目のif文は7行目で完結しており、9行目のelse文とは対応しないため、else文定義の部分でコンパイルエラーが発生します。

したがって、選択肢Eが正解です。

```
if(x > y) // { が定義されていない
    System.out.println("A "); // if文の処理
    System.out.println("B "); // if文の処理として扱われない
else
    System.out.println("C ");
    System.out.println("D ");
```

if文完結後、else文だけを独立に定義しているためコンパイルエラー発生

解答 E

問題 3-13

重要度 ★☆☆

次のコードを確認してください。

```
 1: public class IfTest {
 2:     public static void main(String[] args) {
 3:         boolean flag;
 4:         // insert code here
 5:             System.out.print("true");
 6:         } else {
 7:             System.out.print("false");
 8:         }
 9:     }
10: }
```

4行目にどのコードを挿入すれば、コンパイルが成功しますか。1つ選択してください。

A. `if (flag = true) {`
B. `if (flag == "true") {`
C. `if (flag === true)) {`
D. `if (flag === "true")) {`

if文についての問題です。

各選択肢の解説は、以下のとおりです。

選択肢A

=演算子を利用してboolean型の値trueを変数flagに代入しています。if文の条件判定に、変数flagの保持している値trueが使用されるため、コンパイルや

実行が可能です。したがって、正解です。

選択肢B

==演算子を使用して比較していますが、trueを"(ダブルクォーテーション)で囲んでいるため、コンパイルエラーが発生します。したがって、不正解です。

選択肢C

===という演算子は存在しないため、コンパイルエラーが発生します。したがって、不正解です。

選択肢D

選択肢Cと同様に、===という演算子は存在しないため、コンパイルエラーが発生します。また、boolean型の値であるtrueは"(ダブルクォーテーション)で囲む必要はありません。囲んでしまうとString型のデータとなるため、比較式として成立しません。したがって、不正解です。

解答 A

問題 3-14

重要度 ★★★

次のコードを確認してください。

```
 1: public class IfTest {
 2:     public static void main(String[] args) {
 3:         int num1 = 6;
 4:         int num2 = 3;
 5:         int num3 = 2;
 6:         if(num1 = 5) num3++;
 7:         if(num2 >= 5) num3++;
 8:         if(num1 < num2 and num1 > 0) num3++;
 9:     }
10: }
```

このコードをコンパイル、および実行すると、どのような結果になりますか。1つ選択してください。

A. 6行目でコンパイルエラーが発生する
B. 7行目でコンパイルエラーが発生する
C. 8行目でコンパイルエラーが発生する
D. コンパイルに成功する

if文についての問題です。

6行目と8行目は、正しいコードではありません。

6行目では、if文の条件式としてnum1 = 5という式を記述していますが、num1 = 5は代入式になります。条件式にはboolean型の値を取得する式を記述する必要があるため、コンパイルエラーになります。

8行目では、言語仕様に存在しない文法としてandというキーワードを使用した比較式を記述しています。この状態でコンパイルを行うと8行目でJavaの文法として成り立たないことによるコンパイルエラーが先に検知されます。

6行目で発生するコンパイルエラーは、文法自体はJavaの文法に沿っており、条件式が原因でエラーになりますが、Javaの文法として成り立たない8行目のコードが優先的にコンパイルエラーとして検知されます。

したがって、選択肢Cが正解です。

解答 C

問題 3-15

重要度 ★★★

次のコードを確認してください。

```
public class IfTest {
    public static void main(String args[]) {
        int num1 = 2;
        int num2 = 3;
        if(num1 != 2)
            System.out.print("if");
        else if(num2 > num1)
            System.out.print("else if");
        else
            System.out.print("else");
    }
}
```

このコードをコンパイル、および実行すると、どのような結果になりますか。1つ選択してください。

A. if
B. else
C. else if
D. コンパイルエラーが発生する

if文についての問題です。

5行目では、if(num1 != 2)によりfalse判定となり、7行目のelse if文へ処理が遷移します。

7行目では、else if(num2 > num1)によりtrue判定となり、8行目のelse ifが出力されます。

9行目のelse文は実行されません。

したがって、実行結果は「else if」と出力されるため、選択肢Cが正解です。

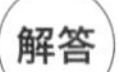 C

問題 3-16

重要度 ★★★

次のコードを確認してください。

```
1:  class Test {
2:      public static void main(String[] args) {
3:          int i = 6 * 4;
4:          int j = 15 + 9;
5:          if(i > j) System.out.println("i");
6:          if(i < j) System.out.println("j");
7:          if(i = j) System.out.println("same");
8:          else System.out.println("not");
9:      }
10: }
```

このコードをコンパイル、および実行すると、どのような結果になりますか。1つ選択してください。

A. same
B. not
C. コンパイルエラーが発生する
D. 実行時エラーが発生する

if文についての問題です。

3行目で初期化した変数iには、6 * 4の結果「24」が格納されます。また、4行目で初期化した変数jにも15 + 9の結果である「24」が格納されます。

つまり、変数iとjは同じ値を保持しているため、5行目、6行目のif文はfalseの結果となります。

ただし、7行目のif文の条件をi = jと定義しています。「=演算子」は「比較」ではなく「代入」となるためif文の条件式として適切ではなく、7行目でコンパイルエラーが発生します。

したがって、選択肢Cが正解です。

解答 C

問題 3-17

重要度 ★★★

次のコードを確認してください。

```
class SwitchTest {
    public static void main(String args[]) {
        String str = "B";

        switch(str) {
            case "A":
                System.out.print("A ");
            case "B":
                System.out.print("B ");
            default:
                System.out.print("default");
        }
    }
}
```

このコードをコンパイル、および実行すると、どのような結果になりますか。1つ選択してください。

A. A
B. A B
C. A B default
D. B
E. B default
F. コンパイルエラーが発生する

switch文についての問題です。

switch文は、式の結果とcase文を用いて多分岐処理を行うことができます。

switch文の構文は、以下のとおりです。

構文

```
switch(式) {
    case 定数1:
        // 処理文1;
    case 定数2:
        // 処理文2;
    default:
        // 処理文3;
}
```

式の結果に使用できるデータ型は、byte型、short型、int型、char型、列挙(enum)型、String型のいずれかになります。

式の結果とcase文の定数値を比較し、一致するcase文の処理を実行します。各case文の処理にbreak文を記述すると、一致するcase文の処理のみ実行しswitch文を終了します。

3行目ではString型の変数strを"B"で初期化し、この変数strは5行目のswitch文の定数式として使用されています。

5行目のswitch文では、変数strに代入されている"B"と一致する8行目のcase文へ処理が遷移し、「B」が出力されます。case文の中にbreak文がないため、続けて10行目のdefault文へ処理が遷移し、「default」が出力されます。

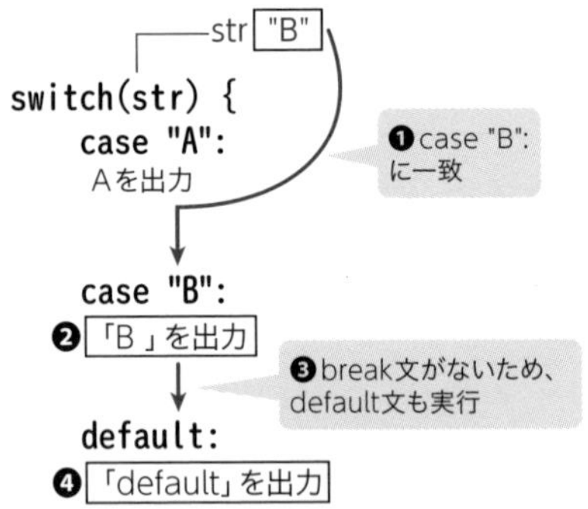

したがって、実行結果は「B default」と出力されるため、選択肢Eが正解です。

 E

問題 3-18

重要度 ★★★

次のコードを確認してください。

```
 1: class SwitchTest {
 2:     public static void main(String args[]) {
 3:         long num = 1;
 4:
 5:         switch(num) {
 6:             case 1: System.out.print("case1 "); break;
 7:             case 2: System.out.print("case2 ");
 8:             case 3: System.out.print("case3 "); break;
 9:             default: System.out.print("default ");
10:         }
11:     }
12: }
```

このコードをコンパイル、および実行すると、どのような結果になりますか。1つ選択してください。

A. case1
B. case1 case2 case3
C. case2 case3 default
D. コンパイルエラーが発生する

switch文についての問題です。

5行目でコンパイルエラーが発生します。

switch文の式にlong型は使用できません。switch文の式に使用できるデータ型は、byte型、short型、int型、char型、列挙（enum）型、String型の6つのデータ型になります。したがって、選択肢Dが正解です。

D

問題 3-19

重要度 ★★★

次のコードを確認してください。

```
 1:  class Test {
 2:      public static void main(String[] args) {
 3:          String exam = "Bronze";
 4:          String message = "";
 5:          switch(exam.charAt(3)) {
 6:              case 'o':
 7:                  message = "o";
 8:                  break;
 9:              case 'n':
10:                  message = "n";
11:              default:
12:                  message = "other";
13:          }
14:          System.out.println(message);
15:      }
16:  }
```

このコードをコンパイル、および実行すると、どのような結果になりますか。1つ選択してください。

A. o
B. n
C. other
D. nother
E. コンパイルエラーが発生する

switch文についての問題です。

5行目のswitch文の条件exam.charAt(3)は、Stringオブジェクト(文字列オブジェクト)のメソッドを呼び出しています。charAt()メソッドは、文字列の中から指定した文字を抜き出すメソッドです。

定義例

```
public char charAt(int index)
```

- 引数に渡す「文字番号」に該当する文字データを抜き出す
- 文字列の先頭文字番号は0

構文

```
public char charAt(int index)
```

5行目の呼び出しでは「変数examの"Bronze"文字列の3番目の文字を抜き出す」ため、先頭から4文字目の'n'が該当します（先頭文字番号は0のため）。つまり、5行目のswitch文では、'n'をもとに分岐します。

分岐の結果、9行目のcase文に該当するため変数messageに"n"が代入されます。しかし、case文の最後にbreak文が定義されていないため、以降の処理がすべて実行されます。次の11行目のdefault文の処理も実行され、変数messageへ"other"の上書きが行われます。

したがって、14行目では「other」と出力されるため、選択肢Cが正解です。

解答 C

問題 3-20

重要度 ★★☆

次のコードを確認してください。

```
class DoWhileTest {
    public static void main(String[] args) {
        do {
            int num = 0;
            System.out.print(num);
            num++;
        } while(num < 5);
    }
}
```

このコードをコンパイル、および実行すると、どのような結果になりますか。1つ選択してください。

A. 00000
B. 01234
C. 012345
D. 無限ループになる
E. コンパイルエラーが発生する
F. 何も出力されない

do-while文についての問題です。

3行目のdoブロック内のループ処理を実行してから、7行目の条件式で判定を行います。しかし、条件式で使用されている変数numは3行目からのdoブロック内で定義された変数です。4行目で宣言した変数numの有効範囲はdoブロック内となるため、7行目の条件式では使用できません。

したがって、7行目でコンパイルエラーが発生するため、選択肢Eが正解です。

```
1:    class DoWhileTest {
2:        public static void main(String[] args) {
3:            do {
4:                int num = 0;
5:                System.out.print(num);
6:                num++;
7:            } while(num < 5);
8:        }
9:    }
```

4行目
変数num
の有効範囲

OK

NG

4行目で宣言した変数num
にはアクセスできないため、
コンパイルエラーが発生

解答 E

アクセスキー **r**（小文字のアール）

4章 ループ文

本章のポイント

▶ while文の定義と使用
while文を使用したループ文を理解します。

▶ for文および拡張for文の定義と使用
ループに必要な条件を1行にまとめたfor文を使用したループ文を理解します。また、拡張for文の使用方法、for文との定義の違いを理解します。

▶ do-while文の定義と使用
do-while文を使用したループ文を理解します。while文との違いを理解します。

▶ ループのネスティング
ループ処理内にループ処理を定義するネスティング（ループ文の入れ子）を理解します。

問題 4-1

重要度 ★★★

次のコードを確認してください。

```
1: class WhileTest {
2:     public static void main(String[] args) {
3:         int num[] = { 0, 1, 2 };
4:         int i = 0;
5:         while(i <= num.length) {
6:             System.out.print(num[i]);
7:         }
8:     }
9: }
```

このコードをコンパイル、および実行すると、どのような結果になりますか。1つ選択してください。

A. 012
B. 012と出力した後で、例外がスローされる
C. 例外がスローされる
D. コンパイルエラーが発生する
E. 無限ループになる

while文についての問題です。

while文は繰り返し処理を実行するために使用されます。

while文は1つの条件式を持ち、繰り返し処理に入る前に判定を行い、条件式の判定がtrueである限り、繰り返し処理を実行します。

構文

```
while(条件式) {
    // 処理
}
```

3行目では、int型の配列numを3つの要素で初期化しています。

4行目では、int型の変数iを0で初期化しています。

5行目では、while文の条件式をi <= num.lengthと設定しています。num.lengthは3の値を返すため、0 <= 3が1回目のループの条件式となり、判定はtrue

となります。

1回目のループでは、6行目のnum[0]により0が出力されます。

1回目のループ終了後、2度目の条件判定を行いますが、変数iの値は変化していないため、判定は再びtrueとなります。さらに何度ループしても変数iの判定はfalseに変化することがないため、0が無限に出力される無限ループとなります。

したがって、選択肢Eが正解です。

ループ回数	5行目 i <= num.length	6行目 num[i]
1回目	0 <= 3 → true	num[0]
2回目	0 <= 3 → true	num[0]
3回目	0 <= 3 → true	num[0]
⋮	⋮	⋮

変数iが変化しないため
無限ループになる

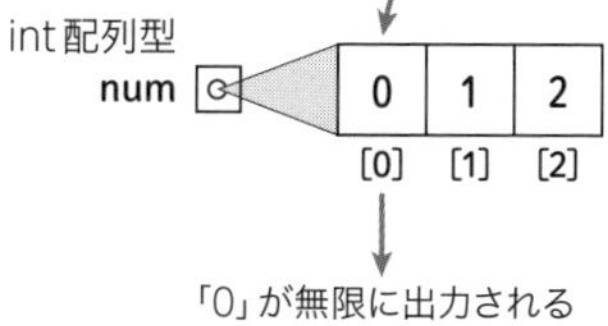

解答 E

4-2

重要度 ★★★

次のコードを確認してください。

```
 1:  class WhileTest {
 2:      public static void main(String[] args) {
 3:          int num = 0;
 4:          while(true) {
 5:              System.out.print(num);
 6:              num++;
 7:              if(num == 5) {
 8:                  break;
 9:              }
10:          }
11:      }
12:  }
```

このコードをコンパイル、および実行すると、どのような結果になりますか。1つ選択してください。

A. 01234
B. 012345
C. 例外がスローされる
D. 無限ループになる
E. 何も出力されない
F. コンパイルエラーが発生する

while文についての問題です。

4行目のwhile文は条件式にboolean型のtrueを直接指定しているため、無限ループになります。

1回目のループでは、5行目で変数numを出力後、6行目で変数numに1加算しています。

7行目のif文では、変数numが5のときに8行目のbreak文でループが終了となるため、変数numが0～4の間ループが実行されます。

したがって、実行結果は「01234」と出力されるため、選択肢Aが正解です。

ループ回数	5行目 num	6行目 num++
1回目	0	1
2回目	1	2
3回目	2	3
4回目	3	4
5回目	4	5 break

変数numが5のときに8行目が実行

出力　ループ終了

参考

break文はwhile文などのループ文やswitch文で定義することができます。繰り返し処理中であってもbreak文が呼び出されるとその時点でループ文を終了させます。

解答 A

問題 **4-3**

重要度 ★☆☆

次のコードを確認してください。

```
 1:  class WhileTest {
 2:      public static void main(String[] args) {
 3:          boolean x = true;
 4:          while(x) {
 5:              x = false;
 6:              if(!x) {
 7:                  System.out.print("A");
 8:                  x = true;
 9:                  continue;
10:              }
11:              System.out.print("B");
12:              break;
13:          }
14:      }
15:  }
```

このコードをコンパイル、および実行すると、どのような結果になりますか。1つ選択してください。

A. A
B. AB
C. B
D. コンパイルエラーが発生する
E. 無限ループになる

while文についての問題です。

3行目では、変数xをtrueで初期化しているため、4行目のwhile文はtrue判定となります。

1回目のループでは、以下の処理を実行します。

❶ 5行目　変数xにfalseを代入

❷ 6行目　if文の条件判定はtrueとなり、7行目で「A」を出力

❸ 8行目　変数xにtrueを代入

❹ 9行目　continue文でループの先頭に制御が移る

9行目の処理が終了した時点で、変数xはtrueを保持します。

continue文は以降の処理をスキップし、ループの先頭である4行目に制御が移ります。

2回目の条件判定では、変数xはtrueのままであるため、true判定となり、上記❶～❹の処理を繰り返し実行します。

さらに何回ループしても11～12行目に制御が移ることはありません。

したがって、「A」が無限に出力される無限ループとなるため、選択肢Eが正解です。

		処理	変数flag
初期値	3行目	x = true	true
ループ1回目	4行目	while(x)	変更なし
	5行目	x = false	false
	6行目	if(!x)	変更なし
	7行目	「A」を出力	
	8行目	x = true	true
	9行目	continue	
ループ2回目	4行目	while(x)	true
	・・・・・・	ループ1回目と同様の処理	
	9行目	continue	true
ループ3回目	4行目 ⋮	while(x) ⋮	true ⋮

2回目以降のループ処理でも、ループ1回目と同様の処理が実行され、
11～12行目に制御が移ることはないため、無限ループになる

参考

continue文はwhile文などのループ文で定義することができます。continue文が呼び出されると繰り返し処理をスキップします（イメージとしては、繰り返し処理の1回休み）。break文とは異なり、繰り返し処理自体は終了させません。

解答 E

問題 4-4

重要度 ★★★

次のコードを確認してください。

```
 1:  class WhileTest {
 2:      public static void main(String[] args) {
 3:          boolean x = false;
 4:          if(x = true) {
 5:              while(x) {
 6:                  System.out.print("true");
 7:                  x = false;
 8:              }
 9:          } else {
10:              System.out.print("false");
11:          }
12:      }
13:  }
```

このコードをコンパイル、および実行すると、どのような結果になりますか。1つ選択してください。

A. false
B. true
C. 4行目でコンパイルエラーが発生する
D. 5行目でコンパイルエラーが発生する

while文についての問題です。

3行目では、変数xをfalseで初期化しています。

4行目では、if文の条件式にx = trueとしていますが、=演算子は、「比較演算子」ではなく「代入演算子」です。ただし、結果として変数xにはboolean型のtrueが代入され、条件式としては正しいため、コンパイルエラーは発生しません。

5行目の条件判定では、変数xにtrueが代入されているため、true判定となります。

1回目のループでは、以下の処理を実行します。

- 6行目「"true"」を出力
- 7行目　変数xにfalseを代入

7行目の処理が終了後、5行目へ制御が移ります。

5行目では、2度目の条件判定が行われますが、変数xは7行目でfalseが代入されるため、false判定となります。これによりwhile文が終了し、続けてif文も終了するため、プログラムは終了します。

したがって、実行結果は「true」と出力されるため、選択肢Bが正解です。

	行番号	処理	変数flag
初期値	3行目	`x = false`	false
代入	4行目	`if(x = true)` 比較ではなく、代入	true
ループ1回目	5行目	`while(x)`	true
	6行目	「true」を出力	変更なし
	7行目	`x = false`	false
ループ2回目	5行目	`while(x)`	

条件判定が false になり、ループ終了

解答　B

問題 4-5

重要度 ★★☆

次のコードを確認してください。

```
1:  class WhileTest {
2:      public static void main(String[] args) {
3:          int num = 0;
4:          while(++num < 3) {
5:              System.out.print("+ ");
6:              if(num == 2) {
7:                  System.out.print("- ");
8:              }
9:          }
10:     }
11: }
```

このコードをコンパイル、および実行すると、どのような結果になりますか。1つ選択してください。

A. + -
B. + +
C. + + -
D. + + - +
E. 何も出力されない
F. コンパイルエラーが発生する

while文についての問題です。

3行目では、変数numを0で初期化しています。

4行目のwhile文の条件式である++num ＜ 3は、変数numに1を加算した後で左辺と右辺を比較する、という意味になります。

そのため、1回目のループでは、条件式が1 ＜ 3のためtrue判定になり、以下の処理が実行されます。

- 5行目「+ 」を出力
- 6行目 if文の条件式が1 == 2のためfalse判定

6行目のfalse判定によりifブロックを終了し、4行目の条件判定に移ります。

2回目のループでは、条件式が2 < 3のためtrue判定になり、以下の処理が実行されます。

- 5行目「+ 」を出力
- 6行目 if文の条件式が2 == 2のためtrue判定となり7行目へ移行
- 7行目「- 」を出力

7行目の処理を実行後、ifブロックを終了し4行目の条件判定に移ります。

3回目のループでは、条件式が3 < 3となりfalse判定となり、whileループが終了します。

したがって、実行結果は「+ + - 」と出力されるため、選択肢Cが正解です。

	行番号	処理	変数num
初期値	3行目	`num = 0`	0
ループ 1回目	4行目	`while(++num < 3)` 1 < 3	1
	5行目	「+ 」を出力	変更なし
	6行目	`if(num == 2)` false判定	
ループ 2回目	4行目	`while(++num < 3)` 2 < 3	2
	5行目	「+ 」を出力	変更なし
	6行目	`if(num == 2)` true 判定	
	7行目	「- 」を出力	
ループ 3回目	4行目	`while(++num < 3)` 3 < 3	3

条件判定がfalseとなるため、ループ終了

解答 C

問題 4-6

重要度 ★★★

次のコードを確認してください。

```
class ForTest {
    public static void main(String[] args) {
        for(int i = 3; i < i++; i++) {
            System.out.print(i + " ");
        }
    }
}
```

このコードをコンパイル、および実行すると、どのような結果になりますか。1つ選択してください。

A. 3
B. 3 4
C. 何も出力されない
D. コンパイルエラーが発生する
E. 無限ループになる

解説

for文についての問題です。

for文は繰り返し処理を行うために使用します。

for文の構文は、以下のとおりです。

構文

```
for (式1; 条件式; 式2) {
    // 処理
}
```

for文は3つの式を持ちます。

- **式1**：繰り返し処理をカウントするための変数（カウンタ変数）の宣言
- **条件式**：繰り返し処理の条件をboolean式で記述
- **式2**：カウンタ変数を増減する式を定義

for文の処理の流れは、以下のとおりです。

❶ 繰り返し処理に入る前に「式1」によりカウンタ変数の初期化を行う

❷「条件式」を判定し、評価がtrueの場合は{ }内の処理を行い、falseの場合はfor文から抜ける

❸ { }内の処理を実行後、「式2」によりカウンタ変数の更新が実行され、再び「条件式」の判定を行い、条件を満たす限り繰り返し処理の実行と、カウンタ変数の更新が行われる

3行目のfor文で使用されている条件式i ＜ i++では、式全体を評価した後でインクリメントを行います。つまり、最初の条件判定で3 ＜ 3の評価を行いfalse判定となります。そのため{ }内の処理は行われず、何も出力されずに処理が終了します。

したがって、選択肢Cが正解です。

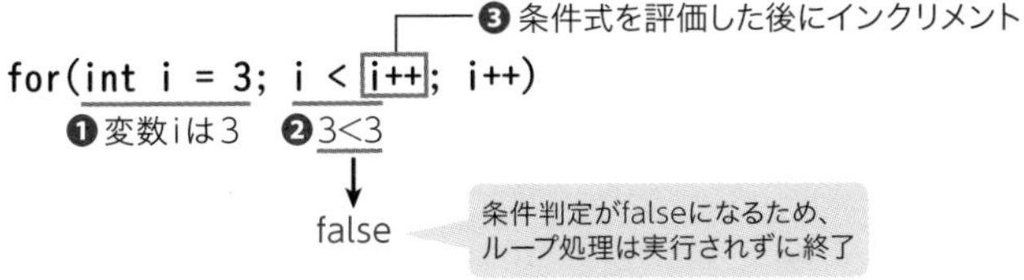

解答 C

問題 4-7

重要度 ★★★

次のコードを確認してください。

```
1:  class Test {
2:      public static void main(String[] args) {
3:          int i = 0;
4:          while(i < 5) {
5:              System.out.print(i++);
6:          }
7:      }
8:  }
```

同じ結果を得ることができるコードはどれですか。1つ選択してください。

A.
```
for(int i = 0; ; i++){
    System.out.print(i);
    if(i == 5){
        break;
    }
}
```

B.
```
for(i; i < 5; i++){
    System.out.print(i);
}
```

C.
```
int i = 0;
for( ; i < 5; ){
    System.out.print(++i);
}
```

D.
```
for(int i = 0; i < 5; ){
    System.out.print(i);
    ++i;
}
```

解説

for文についての問題です。

問題のコードでは、while文で5回繰り返し処理を行い「01234」を出力する結果となります。

5行目の処理はSystem.out.print(i++);と定義されているため、「変数iの値を出力してから」「変数iに1をプラス」することになります。したがって「01234」という出力になります。

各選択肢の解説は、以下のとおりです。

選択肢A

for文の条件式を定義しなかった場合は、無限ループとなります。break文を定義していますが、if(i == 5)がtrueとなってからループを終了するため、「012345」と5まで出力されてしまいます。したがって、不正解です。

選択肢B

for文の先頭で変数のiを宣言していますが型を定義していないため、for文の文法エラーとなりコンパイルエラーが発生します。したがって、不正解です。

選択肢C

繰り返し回数としては5回実行されますが、この選択肢では出力がSystem.out.print(++i);と定義されているため、「変数iに1をプラスしてから」「変数iの値を出力」しています。したがって「12345」という出力になります。したがって、不正解です。

選択肢D

繰り返し回数も5回実行され、出力も「01234」となります。したがって、正解です。

解答 D

問題 4-8

重要度 ★★☆

次のコードを確認してください。

```
1:  class ForTest {
2:      public static void main(String args[]) {
3:          String[] color = { "red", "blue", "white", "black" };
4:
5:          for(int i = 1; i <= color.length; i++) {
6:              System.out.print(color[i] + " : ");
7:          }
8:      }
9:  }
```

このコードをコンパイル、および実行すると、どのような結果になりますか。1つ選択してください。

A. blue : white : black :
B. red : blue : white : black :
C. 実行時エラーが発生する
D. コンパイルエラーが発生する

for文についての問題です。

3行目では4つのString型要素を格納した配列を生成しています。添え字は0から始まります。

5～7行目で配列の要素を出力するfor文を定義しています。

5行目の先頭に定義したカウンタ変数iは1で初期化され、条件式はi <= color.lengthとなります。i++で1回のループごとに1ずつインクリメントされることを考えると、for文はカウンタ変数iが「1、2、3、4」の間ループすることになります。

6行目ではcolor[i]と定義されているので、ループごとにcolor[1]の"blue"、color[2]の"white"、color[3]の"black"が出力されます。

しかし、4回目のループはcolor[4]の出力となり、配列に存在しない要素へのアクセスが発生し、実行時エラーとなります（ArrayIndexOutOfBoundsExceptionの例外発生）。

したがって、選択肢Cが正解です。

 C

問題 4-9

重要度 ★★★

次の配列の要素をすべて出力するには、どのコードが最も適切ですか。1つ選択してください。

```
int[] array = new int[3];
array[0] = 10;
array[1] = 20;
array[2] = 30;
```

A.
```
while(int i = 1; i < array.length) {
    System.out.println(array[i]); i++;
}
```
B.
```
while(int i = 0; i < array.length) {
    System.out.println(array[i]); i++;
}
```
C.
```
for(int i = 1; i < array.length; i++) {
    System.out.println(array[i]);
}
```
D.
```
for(int i = 0; i < array.length; i++) {
    System.out.println(array[i]);
}
```

for文についての問題です。

各選択肢の解説は、以下のとおりです。

選択肢A、B

while文の条件式は、;（セミコロン）で処理を区切ることができません。while文の文法エラーとなりコンパイルエラーが発生します。したがって、不正解です。

選択肢C

正しいfor文の定義ですが、カウンタ変数iの初期値が1となっています。配列の専用要素の要素番号は0のため、先頭要素を取得することができません。したがって、不正解です。

選択肢D

正しいfor文の定義であり、先頭要素からすべての要素を取得するループ文です。したがって、正解です。

解答 D

問題 4-10

重要度 ★★☆

次のコードを確認してください。

```
class ExForTest {
    public static void main(String[] args) {
        int[] num = new int[5];
        num[0] = 0;
        num[1] = 1;
        for(int i : num) {
            System.out.print(i + " ");
        }
    }
}
```

このコードをコンパイル、および実行すると、どのような結果になりますか。1つ選択してください。

A. 0 1
B. 0 1 0 0 0
C. 実行時に例外が発生する
D. コンパイルエラーが発生する
E. 何も出力されない

解説 拡張for文についての問題です。

拡張for文は配列の全要素に対して繰り返し処理を行う場合に使用できます。イメージとしては「配列専用のループ文」です。for文を使用した場合と同じ処理を行うことができますが、拡張for文を使用するとより簡潔に記述することができます。

拡張for文の構文は、以下のとおりです。

構文

```
for (「配列要素の型」の変数宣言 : 「全要素取得をしたい」配列名) {
    // 処理
}
```

拡張for文は（ ）内の右辺で指定した配列の要素を、先頭から順に（ ）内の左辺で宣言した変数で受け取り、処理を実行します。

3行目で要素が5個の配列numを生成しています。

各要素の値を初期化せずに配列を生成した場合は、初期値が代入された状態で生成されます。int型の配列の初期値は0です。

4行目、5行目でnum[0]とnum[1]にそれぞれ0と1を代入しています。

6行目の拡張for文では、変数iにnum[0]～num[4]の値を順番に代入して処理します。

よって、7行目では、「0 1 0 0 0」と出力されます。

したがって、選択肢Bが正解です。

3～5行目

- 5個のint型の要素を持つ配列numを生成
- num[0]とnum[1]には0、1を代入

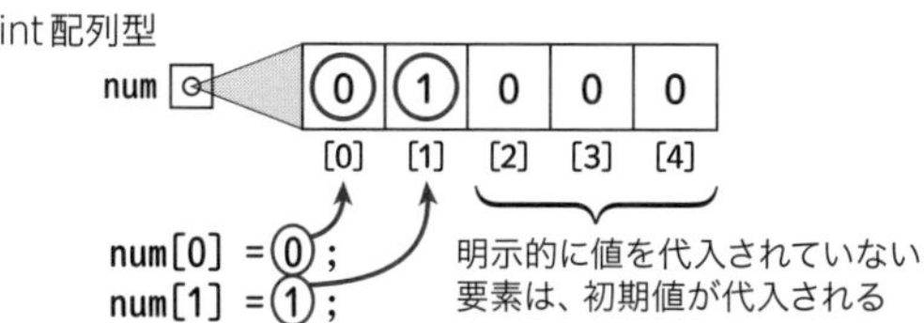

6行目

- 変数iにnum[0]～num[4]の値を順番に代入して処理

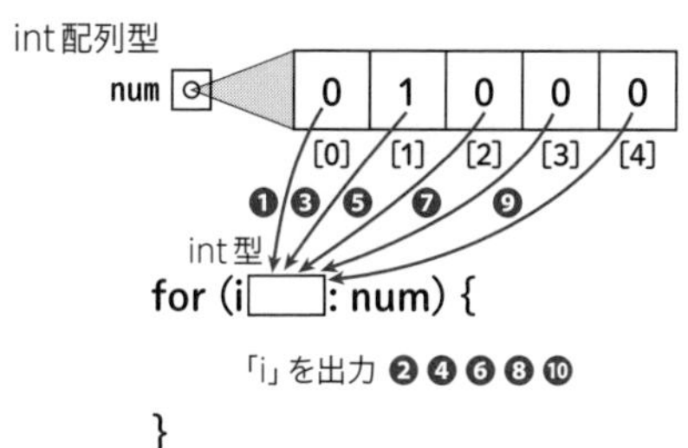

解答 B

問題 4-11

重要度 

次のコードを確認してください。

```
1:  class Test {
2:      public static void main(String[] args) {
3:          String[] ary = {"bronze", "silver", "gold"};
4:          // insert code here
5:              System.out.print(str);
6:          }
7:      }
8:  }
```

4行目にどのコードを挿入すれば配列の全要素を取得し出力できますか。1つ選択してください。

A. `for(String[] ary : String str) {`
B. `for(String str : String[] ary) {`
C. `for(ary : String str) {`
D. `for(String str : ary) {`
E. `for(ary: str) {`
F. `for(str : ary) {`

解説

拡張for文についての問題です。

拡張for文は配列の全要素を取得するときに使うループ文です。拡張for文には次の2つを定義します。

- 全要素取得したい配列名
- ループごとに各要素を格納する変数の宣言

構文

```
for (「配列要素の型」の変数宣言 : 「全要素取得をしたい」配列名) {
    宣言した変数を利用して各要素に行いたい処理
}
```

注意点としては、左辺に用意する変数は「宣言」する必要があります。もちろん、宣言する変数の型は「1つの要素」を代入できる型となります。たとえば、String型配列から要素を取り出す場合は、String型の変数を宣言します。

したがって、選択肢Dが正解です。

解答 D

問題 4-12

重要度 ★★★

次のコードを確認してください。

```
1:  class ForTest {
2:      public static void main(String[] args) {
3:          for(int i = 0; i < 3; i++) {
4:              switch(i) {
5:                  case 1:
6:                      System.out.print(1);
7:                  case 2:
8:                      System.out.print(2);
9:                  case 3:
10:                     System.out.print(3);
11:             }
12:         }
13:     }
14: }
```

このコードをコンパイル、および実行すると、どのような結果になりますか。1つ選択してください。

A. 12
B. 123
C. 1223
D. 12323
E. 123233
F. コンパイルエラーが発生する

for文とswitch文についての問題です。

for文は、繰り返し処理を行うために使用します。

switch文は、式の結果とcase文をもとに多分岐処理を行います。

3行目のfor文ではカウンタ変数iは0で初期化されているため、変数iが0、1、2の間、3回ループ処理を行います。

1回目のループでは、変数iが0のためswitch文の条件には一致しません。よって、何も出力されません。

2回目のループで、変数iは1になり、switch文のcase 1:に一致します。そのため6行目で1を出力し、break文がないため続けてcase 2:とcase 3:を実行し、「123」と出力します。

3回目のループでは、変数iは2になり、switch文のcase 2:に一致します。break文がないため続けてcase 3:を実行し、「23」と出力します。

4回目のループでは、変数iは3になり、ループの条件判定はfalseとなるため、ループは終了します。

実行結果は「12323」と出力されるため、選択肢Dが正解です。

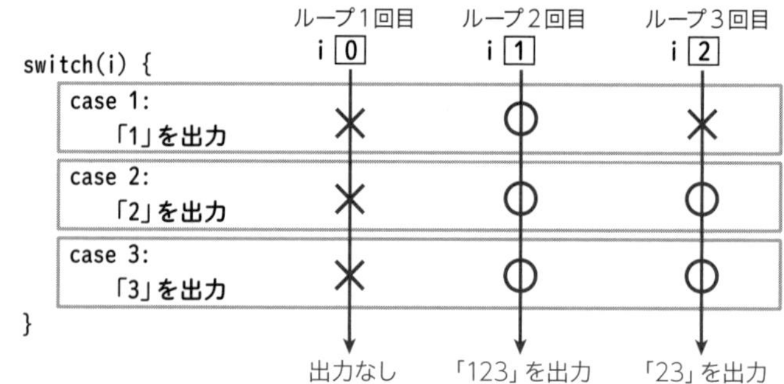

解答 D

問題 4-13

重要度 ★★★

次のコードを確認してください。

```
1:  public class SwitchTest {
2:      public static void main(String[] args) {
3:          char[] array = {'a', 'b', 'c'};
4:          int count = 0;
5:
6:          for(int i = 0; i < array.length; i++) {
7:              switch(array[i]) {
8:                  case 'a':
9:                      count++;
10:                 case 'b':
11:                     count++;
12:                     break;
13:                 case 'c':
14:                     count++;
15:                 case 'd':
16:                     count++;
17:                     break;
18:             }
19:         }
20:         System.out.print("Count = " + count);
21:     }
22: }
```

このコードをコンパイル、および実行すると、どのような結果になりますか。1つ選択してください。

A. Count = 3
B. Count = 4
C. Count = 5
D. コンパイルエラーが発生する

解説

switch文についての問題です。

3行目では、'a'、'b'、'c'、の3つの文字を保持した配列arrayを宣言しています。

4行目ではカウンタ変数countを宣言しています。

6行目で宣言しているfor文では、for文のカウンタ変数で保持する値をもとにswitch文のcase文が選択され、各case文では変数countをインクリメントする処理が実装されています。

1回目のループでは、変数iが0のときに8行目のcase 'a':へ処理が遷移し、変数countがインクリメントされます。case文の処理内にbreak文がないため、続けて10行目のcase 'b':へ処理が遷移します。変数countがインクリメントされた後、break文によってswitch文が終了します。1回目のループが終了した時点で、変数countは2になります。

2回目のループでは、10行目のcase 'b':に処理が遷移し、変数countがインクリメントされた後、break文によってswitch文を終了します。2回目のループが終了した時点で変数countの値は3になります。

3回目のループでは、13行目のcase 'c':に処理が遷移し、変数countがインクリメントされると続けて15行目のcase 'd':が実行されます。さらに変数countがインクリメントされた後、break文によってswitch文は終了し、変数countの値は5になります。

3回目のループが終了した時点でループの判定がfalseになりfor文が終了するため、20行目では「5」が出力されます。

したがって、選択肢Cが正解です。

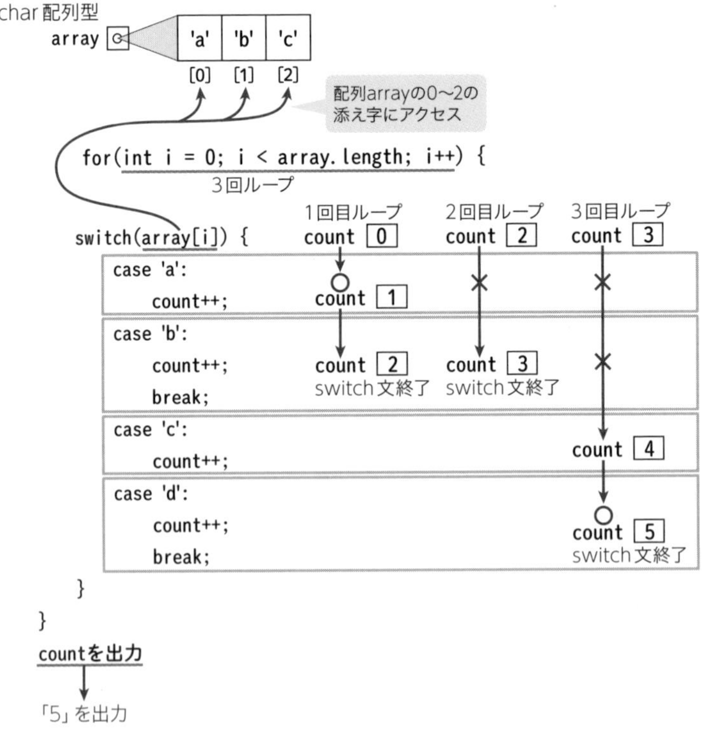

解答 C

問題 4-14

重要度 ★★☆

次のコードを確認してください。

```
1: class ForTest {
2:     public static void main(String[] args) {
3:         for(int i = 1; i % 2 == 1; i += 2) {
4:             System.out.print(i);
5:         }
6:     }
7: }
```

このコードをコンパイル、および実行すると、どのような結果になりますか。1つ選択してください。

A. 0 1
B. 0 11 2
C. 0 11 22
D. 無限ループになる
E. 何も出力されない
F. コンパイルエラーが発生する

for文についての問題です。

3行目のfor文は、カウンタ変数iが1で初期化され、条件式はi % 2 == 1です。この条件式の意味は「変数iを2で割った余りが1と等しければtrue」です。つまり、変数iが奇数の場合にfor文内の処理を繰り返し実行します。

for文内の処理実行後は、i += 2によって1回の処理を行うごとに変数iは2加算されます。

1回目のループで変数iが1で奇数となり、その後も変数iが2加算されるため変数iは奇数のままです。条件式がfalseになることはないため、for文の処理は無限に繰り返し実行されます。

したがって、選択肢Dが正解です。

3行目

```
for(int i = 1; i % 2 == 1; i += 2)
```

変数iを2で割った余りが1だとtrue（奇数だとtrue）

2加算

	3行目	
	変数i	i%2 == 1
ループ1回目	1	true
ループ2回目	2加算 3	true
ループ3回目	5	true
⋮	⋮	⋮

i%2 == 1の条件がfalseになることはない
⬇
無限ループ

解答 D

問題 4-15

重要度 ★★☆

次のコードを確認してください。

```
class DoWhileTest {
    public static void main(String[] args) {
        int num = 0;
        do {
            switch(num) {
                case 0:
                    System.out.print("0");
                    num++;
                    break;
                case 1:
                    System.out.print("1");
                    num++;
                    break;
                default:
                    System.out.print("2");
                    num++;
                    continue;
            }
        } while(num < 5);
    }
}
```

このコードをコンパイル、および実行すると、どのような結果になりますか。1つ選択してください。

A. 0
B. 012
C. 01222
D. 無限ループになる
E. 何も出力されない

解説 do-while文についての問題です。

do-while文は、while文やfor文と同様に繰り返し処理を実行するために使用されます。while文と同様に1つの条件式を持ちますが、条件判定を行う前に繰り返し処理を行います。そのため、1回目のループの条件判定の結果がfalseの場合でも最低1回は処理を実行します。

do-while文の構文は、以下のとおりです。

構文

```
do {
    // 処理
} while(条件式);
```

3行目でint型の変数numを0で初期化し、doブロック内5行目で、switch文の定数式として変数numを使用しています。

6行目のcase文と一致するため7行目で「0」を出力し、8行目で変数numが1加算され1となります。9行目のbreak文によって、switch文の処理を抜け、19行目の条件式の判定を行います。9行目のbreakは、switchの処理を抜けるためのもので、ループから抜けるものではありません。条件式は1 ＜ 5の判定を行い、trueとなるため2回目のループの処理を実行します。

2回目のループでは、変数numは1のため10行目のcase文と一致するため11行目で「1」を出力し、12行目で変数numが1加算され2となります。13行目のbreak文を実行するとswitch文の処理を終了し、19行目の条件式の判定を行います。条件式は2 ＜ 5の判定を行い、trueとなるため3回目のループの処理を実行します。

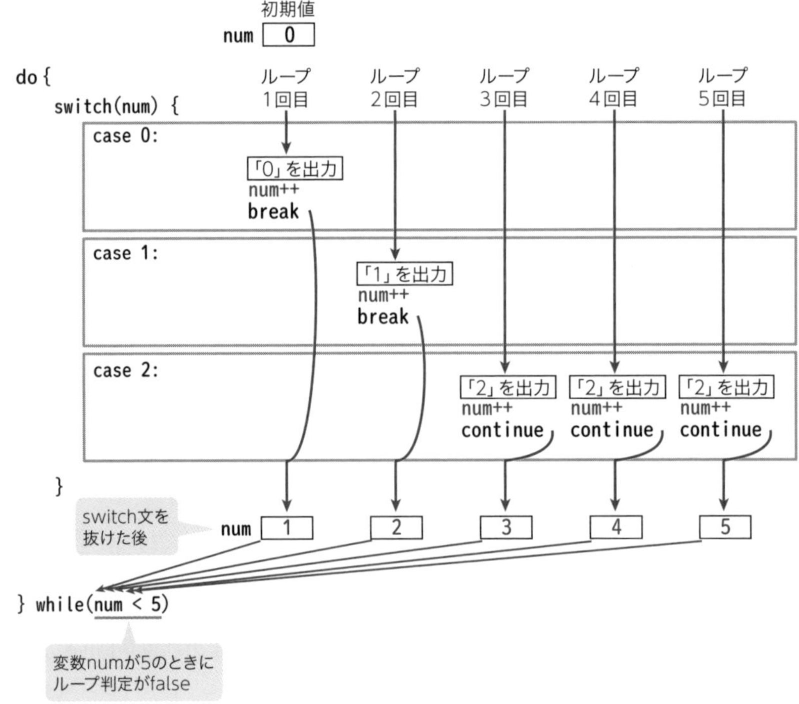

3回目以降のループでは、定数式と一致するcase文が存在しないため14行目のdefault文に処理が移ります。15行目で「2」を出力し、16行目で変数numを1加算した後、17行目のcontinue文でループを続行します。

合計5回の繰り返し処理を実行し、「01222」と出力されます。

したがって、選択肢Cが正解です。

解答 C

問題 4-16

重要度 ★☆☆

次のコードを確認してください。

```
1:  class DoWhileTest {
2:      public static void main(String[] args) {
3:          int num = 1;
4:          do {
5:              System.out.print("A");
6:          } while(++num - num++ < 0 );
7:      }
8:  }
```

このコードをコンパイル、および実行すると、どのような結果になりますか。1つ選択してください。

A. A
B. 無限ループになる
C. 実行時に例外が発生する
D. コンパイルエラーが発生する
E. 何も出力されない

do-while文についての問題です。

6行目のdo-while文の条件式++num−num++ ＜ 0は、変数numが0未満であればtrueという意味を表します。

3行目で変数numは1で初期化されています。

6行目の条件式では、まず++numにより1加算されるため、条件式内1つ目の変数numは2になります。

num++は全体を評価してから1加算するので、条件式内2つ目の変数numは2のままです。

++num - num++は2 - 2で0になり、while文の条件を満たさないためループ処理は終了します。

do-while文の場合、6行目の条件判定を行う前にdoブロック内のループ処理が実行されるため、条件式の判定結果がfalseの場合でも少なくとも一度は処理が実行されます。そのため5行目の「A」が出力されます。

したがって、選択肢Aが正解です。

```
int num = 1;
do {
    「A」を出力  //1回目のループ処理実行
} while(++num - num++ < 0 );
```

falseのためループ終了

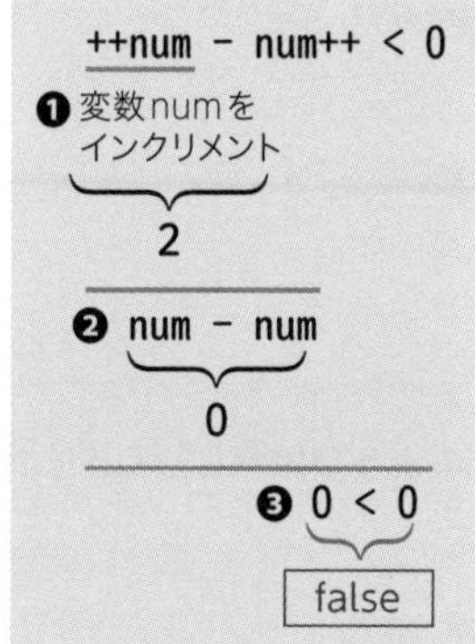

解答 A

問題 4-17

重要度 ★★★

次のコードを確認してください。

```
1:  class Test {
2:      public static void main(String[] args) {
3:          int x = 0;
4:          do {
5:              x++;
6:              System.out.print("SE ");
7:          } while (x < 3);
8:      }
9:  }
```

このコードをコンパイル、および実行すると、どのような結果になりますか。1つ選択してください。

A. SE SE
B. SE SE SE
C. SE SE SE SE
D. コンパイルエラーが発生する

解説 **do-while文**についての問題です。

do-while文は3行目で初期化した変数xをカウンタとして利用しています。カウンタ変数xはdoブロックに入った直後の5行目で1が追加されます。つまり、カウンタ変数xが1から3になるまで「SE 」が「3回」繰り返し出力されます。

したがって、「SE SE SE 」と出力されるため、選択肢Bが正解です。

解答 B

問題

4-18

重要度 

次のコードを確認してください。

```
class Test {
    public static void main(String[] args) {
        int i = 1;
        do {
            i++;
            if(i % 2 == 0)
                i++;
            System.out.print(i + " ");
        } while(i <= 10);
    }
}
```

このコードをコンパイル、および実行すると、どのような結果になりますか。1つ選択してください。

A. 1 3 5 7 9 11
B. 3 5 7 9 11
C. 1 3 5 7 9
D. 3 5 7 9
E. コンパイルエラーが発生する

解説

do-while文についての問題です。

変数iの推移と出力される値は、以下のとおりです。

	行番号	処理	変数iの値	出力結果
初期化	3行目	int i = 1;	1	
ループ処理 1回目	5行目	i++;	2	
	6～7行目のif文	trueのため、i++;	3	
	8行目	iの出力	3	3
	9行目	i<=10はtrue	3	
ループ処理 2回目	5行目	i++;	4	
	6～7行目のif文	trueのため、i++;	5	
	8行目	iの出力	5	5
	9行目	i<=10はtrue	5	
ループ処理 3回目	5行目	i++;	6	
	6～7行目のif文	trueのため、i++;	7	
	8行目	iの出力	7	7
	9行目	i<=10はtrue	7	
ループ処理 4回目	5行目	i++;	8	
	6～7行目のif文	trueのため、i++;	9	
	8行目	iの出力	9	9
	9行目	i<=10はtrue	9	
ループ処理 5回目	5行目	i++;	10	
	6～7行目のif文	trueのため、i++;	11	
	8行目	iの出力	11	11
	9行目	i<=10はfalse	11	

上の表のとおり、実行結果として「3 5 7 9 11 」が出力されます。したがって、選択肢Bが正解です。

解答 B

問題 4-19

重要度 ★★★

次のコードを確認してください。

```
1:  class Nest {
2:      public static void main(String[] args) {
3:          String[] var = { "x", "y", "z" };
4:          for(int i = 0; i < var.length; ++i)
5:              for(String s : var)
6:                  System.out.print(s);
7:      }
8:  }
```

このコードをコンパイル、および実行すると、どのような結果になりますか。1つ選択してください。

A. xyz
B. xyzxyz
C. xyzxyzxyz
D. xxxyyyzzz
E. コンパイルエラーが発生する

for文のネストについての問題です。

4行目のfor文の内側に、5行目で拡張for文が定義されています。この状態をループのネスト、ループの入れ子、二重ループなどと呼びます。

また、ループ処理が1行しかない場合には{}を省略することができます。

外側のループが1回処理される間に内側のループ処理が実行されます。4行目のfor文はカウンタ変数iが3よりも小さい間、3回のループ処理を実行します。このループ処理が1回処理される際に、5行目の拡張for文が実行されます。

5行目は拡張for文を使用して、左辺で宣言した変数sに配列varの全要素が添え字0から順番に代入されます。3回のループ処理を実行することで、6行目の出力処理が3回繰り返され、配列varの全要素「xyz」が出力されます。

ここまでの処理を外側のfor文で指定されている3回分繰り返しますので、「xyz」が3回出力されます。実行結果としては、「xyzxyzxyz」と出力されます。

したがって、選択肢Cが正解です。

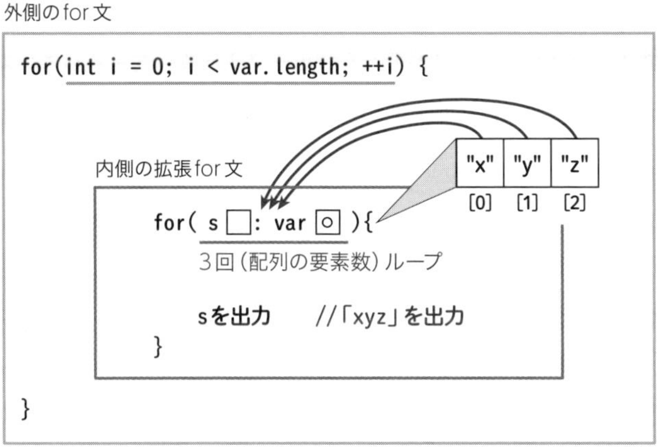

外側のfor文

```
for(int i = 0; i < var.length; ++i) {
    for( s □: var ○ ){
        sを出力    //「xyz」を出力
    }
}
```

"x" "y" "z"
[0] [1] [2]

内側の拡張for文

3回(配列の要素数)ループ

解答 C

問題 4-20

重要度 ★★☆

次のコードを確認してください。

```
class NestTest {
    public static void main(String args[]) {
        for(int i = 0; i < 3; i++) {
            for(int j = 0; j < 3; j++) {
                if(j == 1) break;
                System.out.print((i + j) + " : ");
            }
        }
    }
}
```

このコードをコンパイル、および実行すると、どのような結果になりますか。1つ選択してください。

A. 0 :
B. 0 : 1 : 2 :
C. 0 : 1 : 2 : 1 : 2 : 3 : 2 : 3 : 4 :
D. コンパイルエラーが発生する

for文のネストについての問題です。

3行目、4行目のfor文はどちらも3回ずつループする条件を定義しています。

ただし、5行目で内側のループ文のカウンタ変数jが1の場合、ループを終了させるbreak文を実行します。このbreak文は、ループ処理全体を終了させるのではなく「内側のループ」を終了させます。

つまり、外側のループ文は3回実行され、内側のループ文の2回目で終了することになります。

したがって、選択肢Bが正解です。

	外側ループのカウンタ変数i	内側ループのカウンタ変数j	6行目で出力される(i+j)
外側ループ1回目	0	0	0
	0	1	5行目のbreak文が実行されるため出力されない
外側ループ2回目	1	0	1
	1	1	breakのため出力されない
外側ループ3回目	2	0	2
	2	1	breakのため出力されない

出力される値

解答 B

問題 4-21

重要度 ★★★

次のコードを確認してください。

```
1:  class Nest {
2:      public static void main(String[] args) {
3:          int[] num1 = { 1, 2, 3 }; int[] num2 = { 4, 5, 6 };
4:          for(int i = 0; i < num1.length; i++) {
5:              System.out.print(num1[i] + " ");
6:              for(int j = 0; j < num2.length; j++)
7:                  System.out.print(num2[j] + " ");
8:          }
9:      }
10: }
```

このコードをコンパイル、および実行すると、どのような結果になりますか。1つ選択してください。

A. 1 2 3 4 5 6
B. 4 5 6 1 4 5 6 2 4 5 6 3
C. 1 4 5 6 2 4 5 6 3 4 5 6
D. 1 2 3 4 5 6 1 2 3 4 5 6 1 2 3 4 5 6
E. コンパイルエラーが発生する

for文のネストについての問題です。

4行目のfor文の処理に続いて6行目でもfor文がネストされています。

4行目の外側のfor文はカウンタ変数iが3よりも小さい間、3回ループ処理を実行します。

6行目の内側のfor文はカウンタ変数jが3よりも小さい間、3回ループ処理を実行します。

1回目のループでは、5行目でnum1[0]に格納されている「1」が出力された後、6行目の内側のループが処理されます。

6行目のfor文では、3回のループ処理でnum2[0]からnum2[2]の要素を出力します。7行目の処理を3回繰り返すことで「4 5 6」を出力します。

2回目のループでは、5行目でnum1[1]に格納されている「2」が出力された後、6行目の内側のループが処理されます。6行目のfor文では、3回のループ処理でnum2[0]からnum2[2]の要素を出力します。7行目の処理を3回繰り返すことで再び「4 5 6」を出力します。

3回目のループでは、5行目でnum1[2]に格納されている「3」が出力された後、6行目の内側のループが処理されます。6行目のfor文では、3回のループ処理でnum2[0]からnum2[2]の要素を出力します。7行目の処理を3回繰り返すことで再び「4 5 6」を出力します。

4回目のループでは、条件判定がfalseとなるため、ループ処理は終了します。実行結果は、「1 4 5 6 2 4 5 6 3 4 5 6」と出力されます。

したがって、選択肢Cが正解です。

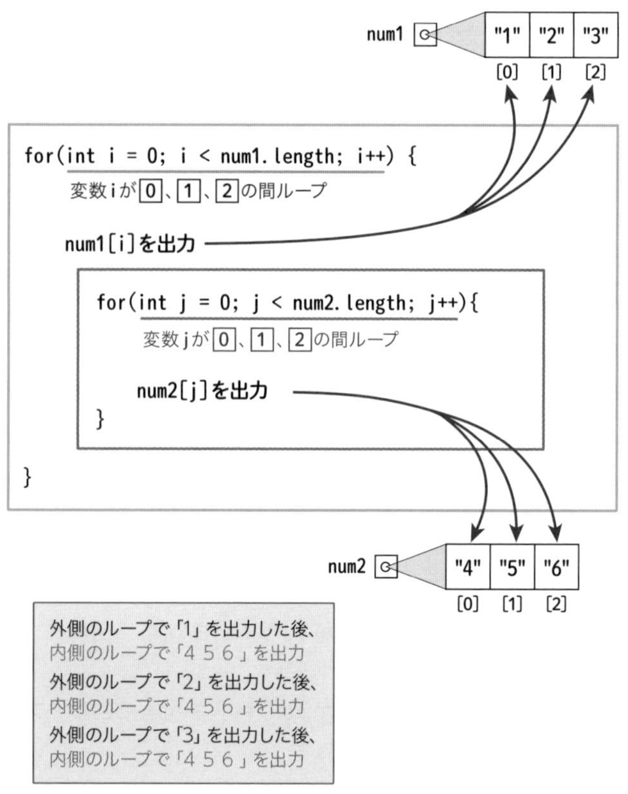

解答 C

問題 4-22

重要度 ★☆☆

次のコードを確認してください。

```
1:  class Nest {
2:      public static void main(String[] args) {
3:          int i = 0, j = 0;
4:          for(i = 0; i < 3; i++) {
5:              System.out.print(i);
6:              for(j = 0; j < 3; j++);
7:                  System.out.print(j);
8:          }
9:      }
10: }
```

このコードをコンパイル、および実行すると、どのような結果になりますか。1つ選択してください。

A. 33
B. 031323
C. 001210122012
D. コンパイルエラーが発生する
E. 何も出力されない

for文のネストについての問題です。

6行目のfor文の最後に「;」がついていることにより、6行目のループは処理のないループ文になり、変数jの値を繰り返しインクリメントしています。変数jが3のときにループを終了し7行目に処理が移ります。

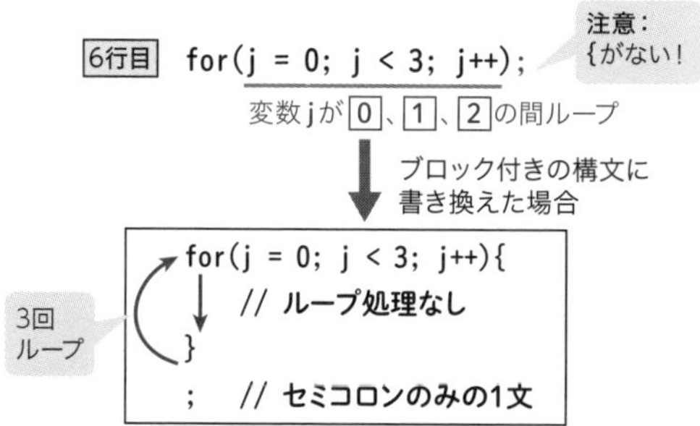

7行目では、ループの処理ではなく「3」と出力され、1回目のループが終了します。

4行目のループ処理は変数iが0から2まで変化するため、5～7行目の処理が合計3回実行されます。1回目のループで「03」、2回目のループで「13」、3回目のループで「23」と出力されます。

したがって、実行結果は「031323」と出力されるため、選択肢Bが正解です。

6行目の最後に「;」をつけなかった場合の出力は「001210122012」となります。

解答 B

アクセスキー B (大文字のビー)

5章

オブジェクト指向コンセプト

本章のポイント

▶ **具象クラス、抽象クラス、インタフェースの説明**

インスタンス化を行うことができる具象クラス、抽象メソッドを定義することができる抽象クラス、クラス定義において仕様の役割を持つインタフェース、それぞれの特徴と定義の方法を理解します。

重要キーワード

abstract、interface、extends、implements

▶ **データ隠蔽とカプセル化についての説明と適用**

データ隠蔽とカプセル化を行うことによる特徴、メリットなどを理解します。

重要キーワード

属性の非公開、操作の公開

▶ **ポリモフィズムについての説明と適用**

オブジェクト指向において重要な考え方となる、ポリモフィズムについて理解します。ポリモフィズムを実現するために必要な考え方やメリットについて理解します。

問題 5-1

重要度 ★★★

具象クラスと抽象クラスについての説明として、適切なものはどれですか。2つ選択してください。

A. 具象クラスはインスタンス化できる
B. 具象クラスにはabstractメソッドを定義できる
C. 抽象クラスはインスタンス化できる
D. 抽象クラスに実装を持つメソッドを定義できる

クラス定義についての問題です。

具象クラスとは、具体的な内容を持つクラスを表します。一般的なクラスのイメージです。具象クラスに定義されているすべてのメソッドは実装（処理）を持ちます。具象クラスはインスタンス化できます。

抽象クラスとは、抽象的なクラスを表します。抽象クラスは、**抽象メソッド**を定義することが可能です。抽象メソッドとは、実装を持たないメソッドです。

抽象クラスの特徴は、以下のとおりです。

- 抽象クラスは、インスタンス化できない
- 抽象クラスの具象クラスでは抽象メソッドの実装（オーバーライド）を定義する必要がある
- 抽象クラスには抽象メソッド以外に、実装を持つメソッドを定義することも可能

以下は、社員クラスを例にした具象クラスと抽象クラスの例です。

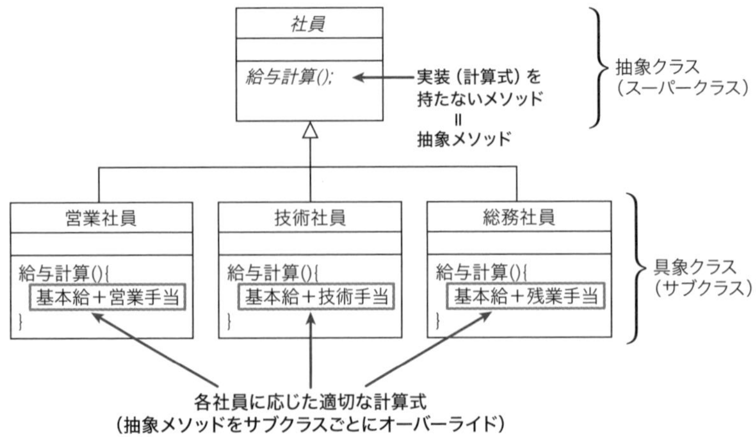

社員クラスには、社員の給与を求めるための「給与計算()メソッド」があります。

社員クラスにはサブクラスとして営業社員クラスや、技術社員クラス、総務社員クラスなど、さまざまな社員を表すクラスが存在します。各社員の給与計算は、残業手当や営業手当、技術手当など社員によって給与の計算式が異なっています。

このようにサブクラスごとにメソッドの実装が異なる場合、スーパークラスとなる抽象的な社員クラスを抽象クラスとして定義し、「給与計算()メソッド」は実装を持たない抽象メソッドとして定義することができます。抽象クラスを実装した具象クラスでは、抽象メソッドをオーバーライドして、各社員ごとの給与計算処理を実装します。

また、抽象クラスには実装を持つメソッドを定義することも可能ですので、各サブクラスの共通メソッドとして、具体的な共通処理内容を持つ「社員番号設定()メソッド」や「社員名設定()メソッド」を定義することも可能です。

abstract修飾子は、クラスの修飾子として指定すると抽象クラスの定義となり、メソッドの修飾子として指定すると抽象メソッドの定義となります。

したがって、選択肢A、Dが正解です。

解答 A、D

問題 5-2

重要度 ★★☆

抽象クラスについての説明として、適切なものはどれですか。1つ選択してください。

A. 抽象クラスはインスタンス化できる
B. 抽象クラスは定数を定義できない
C. 抽象クラスの定義にはstaticキーワードを指定する
D. 抽象クラスはインタフェースを実装しなければならない
E. 抽象クラスの具象クラスでは抽象メソッドをオーバーライドする

解説 **抽象クラス**についての問題です。

各選択肢の解説は、以下のとおりです。

選択肢A

抽象クラスはインスタンス化できないため、不正解です。

選択肢B、C、D

このような仕様は存在しないため、不正解です。

選択肢E

抽象クラスの抽象メソッドは具象クラスで実装を定義する必要があるため、正解です。

 E

問題 5-3

インタフェースについての説明として、適切なものはどれですか。1つ選択してください。

A. インタフェース自体をインスタンス化できる
B. インタフェースの定義はclassキーワードを使用する
C. インタフェースは実装を持たないメソッドの定義ができる
D. 1つのクラスは複数のインタフェースを実装できない

解説　インタフェースについての問題です。

インタフェースとは、複数のクラス間に共通する操作や定数をまとめておくための仕様やルールにあたるものです。

インタフェースの特徴は、以下のとおりです。

- インタフェース自体は、インスタンス化できない
- 抽象メソッドと、定数のみを定義する型である
（Java SE 8より「defaultメソッド」「staticメソッド」の定義も可能）
- インタフェースを定義するには、**interfaceキーワード**を使用
- クラスにインタフェースを適用することを「実装する」と表現する。プログラミングではimplementsキーワードを使用
- クラスにはインタフェースを複数実装することが可能
- インタフェースを実装したクラスでは、抽象メソッドのオーバーライドが必須

各選択肢の解説は、以下のとおりです。

選択肢A

インタフェース自体はインスタンス化できません。インタフェースを実装したクラスをインスタンス化します。したがって、不正解です。

選択肢B

インタフェースを定義する場合に使用するキーワードは、interfaceキーワードです。したがって、不正解です。

選択肢C

正しい説明のため、正解です。

選択肢D

インタフェースは複数実装が可能なため、不正解です。

解答 C

問題 5-4

重要度 ★★★

インタフェースについての説明として、適切なものはどれですか。1つ選択してください。

A. インタフェースは複数のインタフェースを継承できる
B. インタフェースには必ず抽象メソッドを定義する必要がある
C. インタフェースは1つのインタフェースだけを継承できる
D. インタフェースで定義した変数は、暗黙的にprivateかつfinalになる

解説 **インタフェース**についての問題です。

各選択肢の解説は、以下のとおりです。

選択肢A

インタフェースの継承は、複数の継承が可能です。したがって、正解です。

選択肢B

インタフェースに定義したメソッドは暗黙的にpublic abstractの修飾子が指定されるため抽象メソッドとなります。しかし、必ず定義する必要はありません。したがって、不正解です。

選択肢C

インタフェースの継承は、複数の継承が可能なため単一継承ではありません。したがって、不正解です。

選択肢D

インタフェースに定義した変数は暗黙的にpublic static finalの修飾子が指定

されます。つまり定数となります。したがって、不正解です。

解答 A

問題 5-5

重要度 ★☆☆

以下の文章に最も関連の深い用語を1つ選択してください。

「複数のクラス間で共通した振る舞いを持たせることができ、複数実装が可能」

A. 継承
B. インタフェース
C. 抽象クラス
D. 情報隠蔽
E. カプセル化

インタフェースについての問題です。

各選択肢の解説は、以下のとおりです。

選択肢A

継承とは、構造の似通ったクラスとクラスの関係を表します。したがって、不正解です。

選択肢B

インタフェースの目的は「複数のクラス間に共通した振る舞いを持たせること」です。したがって、正解です。

選択肢C

抽象クラスとは、抽象メソッドを持つ抽象的なクラスで、サブクラスで抽象メソッドのオーバーライドを行い具体的な内容を定義します。抽象クラスでは、共通した振る舞いや状態をサブクラスに持たせることはできますが、クラス間には継承関係が必要です。継承関係のない複数のクラス間での適用は不適切な設計のため、不正解です。

選択肢D

情報隠蔽は、クラス内の変数を非公開とし情報を隠蔽します。したがって、不正解です。

選択肢E

カプセル化とは、クラス内に変数とその変数にアクセスするメソッドを組み合わせてクラスの内部を外部から隠蔽することを表します。したがって、不正解です。

解答 B

問題 5-6

重要度 ★★★

インタフェースの使用用途の説明として、適切なものはどれですか。2つ選択してください。

A. オブジェクトの実装が後で変更される可能性がない場合に使用する
B. インスタンス化せずにメソッドを呼び出したい場合に使用する
C. 継承関係のないクラス間で、共通した振る舞いを持たせて利用したい場合に使用する
D. 多重継承の代わりに使用する

解説 インタフェースについての問題です。

インタフェースの使用用途は、以下のような場合です。

- 共通する操作を持つが、クラスごとにその実装が異なる場合
- 継承関係のないクラス間で共通する操作やデータを持たせて利用したい場合
- 多重継承の代用として複数の型を持ちたい場合

異なる関係のクラス間で機能を共通化したい場合に、実装を持たないインタフェースを使い機能の定義のみを共通構造として持たせることができます。

また、インタフェースは、仕様上クラスに対して複数の実装が許可されています。つまり、複数のスーパークラスを持つことと同義です。

各選択肢の解説は、以下のとおりです。

選択肢A

インタフェースは、実装するクラスごとに操作内容が異なります。そのためインタフェースを実装したクラスごとに操作内容を定義しなければいけません。したがって、不正解です。

選択肢B

staticメソッドの説明をしているため、不正解です。

選択肢C、D

正しい説明のため、正解です。

解答 C、D

問題 5-7

重要度 ★★★

データ隠蔽とカプセル化についての説明として、適切なものはどれですか。2つ選択してください。

A. 属性はオブジェクト外部に持たせる
B. データ隠蔽とカプセル化を行うことにより、再利用性が向上する
C. カプセル化を行うとプログラムサイズが小さくなる
D. オブジェクト内の属性は非公開にして、操作は公開する
E. 属性とその操作を別々のオブジェクトに持たせる

解説 データ隠蔽とカプセル化についての問題です。

オブジェクトのメンバ（属性や操作）は外部からのアクセスを許可する公開メンバと、外部からのアクセスを許可しない非公開メンバに分けることができます。この仕組みを利用して、外部から属性への直接アクセスを制限することを**データ隠蔽**と呼びます。オブジェクト指向の考え方では、属性（変数）は非公開にして、操作（メソッド）は公開します。

また、オブジェクト内に属性とその属性にアクセスする操作をひとつにまとめて持たせることを**カプセル化**と呼びます。データ隠蔽とカプセル化を利用することで、公開している操作を介して非公開の属性にアクセスできるようになります。

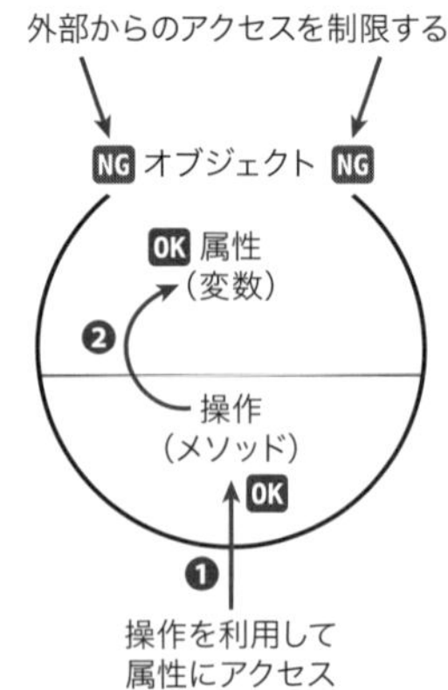

各選択肢の解説は、以下のとおりです。

選択肢A、E
カプセル化は属性と操作をクラスにまとめる考え方となるため、不正解です。

選択肢B、D
データ隠蔽とカプセル化の考えとなるため、正解です。

選択肢C
カプセル化はプログラムサイズを小さくするための概念ではないため、不正解です。

解答 B、D

問題 5-8

重要度 ★☆☆

以下の文章に最も関連の深い用語を1つ選択してください。

「オブジェクト内の属性は非公開にして、操作は公開する」

A. 継承
B. インタフェース
C. 抽象クラス
D. カプセル化
E. データ隠蔽

□□□

データ隠蔽についての問題です。

各選択肢の解説は、以下のとおりです。

選択肢A
継承はあるクラスの属性や操作を引き継ぎ、より具体的なクラスを作成することを表します。したがって、不正解です。

選択肢B
インタフェースは複数のクラス間に共通する操作や定数をまとめておくための仕様にあたるものです。したがって、不正解です。

選択肢C
抽象クラスは抽象メソッドを持つクラスです。したがって、不正解です。

選択肢D

カプセル化は、オブジェクト内に属性とその属性にアクセスする操作を1つにまとめて持たせることを表します。したがって、不正解です。

選択肢E

データ隠蔽とは、オブジェクト内の属性を非公開にすることです。したがって、正解です。

解答 E

問題 5-9

重要度 ★★☆

データ隠蔽とカプセル化の説明として、不適切なものはどれですか。1つ選択してください。

A. システムの安定性が保たれる
B. オブジェクト内部の変更が外部に影響しない
C. 各オブジェクトの内部構造を知らなくても操作を呼び出すことでオブジェクトを利用できる
D. 他オブジェクトからオブジェクトの属性に直接アクセスできるため、再利用性が向上する

解説 データ隠蔽とカプセル化についての問題です。

データ隠蔽とカプセル化の利点は、以下のとおりです。

- 各オブジェクトの内部構造を知らなくても、公開されている操作を呼び出すことでオブジェクトを利用可能
- アクセスポイントが絞られているため、オブジェクト内部の変更が外部に影響しづらい
- 変更や修正の影響をクラス内にとどめるため、システムの安定性が保たれる

選択肢Dは、上記の利点に該当しないため、正解です。データ隠蔽とカプセル化の概念では属性への直接アクセスを制限します。

解答 D

問題 5-10

重要度 ★☆☆

以下の文章に最も関連の深い用語を1つ選択してください。

「属性とその属性に対する操作をまとめてオブジェクトを表現する」

A. カプセル化
B. 継承
C. データ隠蔽
D. インタフェース
E. 抽象クラス

カプセル化についての問題です。

設問はカプセル化の記述であるため、選択肢Aが正解です。

解答 A

問題 5-11

重要度 ★☆☆

データ隠蔽に関連のあるキーワードとして、適切なものはどれですか。1つ選択してください。

A. `float`　B. `private`　C. `class`
D. `void`　E. `abstract`　F. `String`
G. `public`

データ隠蔽についての問題です。

データ隠蔽とは、オブジェクト内の属性を非公開にすることです。非公開メンバには非公開を表す**privateキーワード**を指定します。したがって、選択肢Bが正解です。

その他の選択肢はデータ隠蔽と関連のないキーワードとなるため、不正解です。

解答 B

問題 **5-12** 重要度 ★★★

ポリモフィズムの説明として、適切なものはどれですか。1つ選択してください。

A. 集約関係によって実現することができる
B. プログラムサイズが小さくなり、高速に実行できる
C. オブジェクト内の属性は非公開にして、操作は公開する
D. 各オブジェクトの実装の詳細が異なっていても、共通した呼び出しで利用することができる

ポリモフィズムについての問題です。

ポリモフィズムとは、さまざまなオブジェクトを利用する際、各オブジェクトの実装の詳細が異なっていても同じ操作の呼び出しで利用することができる考え方です。同じ操作の呼び出しで、呼び出された各オブジェクトがそれぞれに異なる適切な処理を行います。ポリモフィズムは、**多態性**、**多様性**とも呼ばれます。

たとえば、CDプレーヤーや、Blu-ray Discプレーヤーなど私たちの身の回りにはさまざまなプレーヤーが存在しますが、どのプレーヤーも再生ボタンや停止ボタンを押して操作します。扱うメディアや機種、メーカーが異なる場合でもその違いを意識することなく操作できます。このような現実世界では当然の状態をプログラムに反映している考え方がポリモフィズムです。

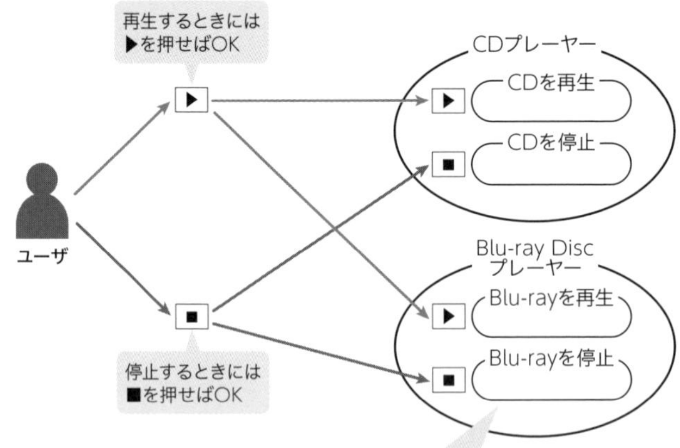

ユーザは、対象機器の内部の仕組みを知らなくても、
「再生するときには▶ボタンを押す」
「停止するときには■ボタンを押す」
ということさえ知っていれば、利用できる。
「対象の内部の仕組みが異なっていても、同じ操作で利用できる性質」がポリモフィズムの考え方

CDプレーヤークラスやBlu-ray Discプレーヤークラスではそれぞれ再生や停止に伴う詳細の実装は異なりますが、利用側には共通の呼び出し方を提供します。これらの仕組みはメソッドの**オーバーライド**を行い実現します。

ポリモフィズムの実現には、オーバーライドが必要であることから、スーパークラスとそのサブクラスという継承関係や、インタフェースとそのインタフェースの実装クラスという関係が必要になります。

各選択肢の解説は、以下のとおりです。

選択肢A
ポリモフィズムの実現に集約関係は必要ないため、不正解です。

選択肢B
ポリモフィズムはパフォーマンスを向上させるための概念ではないため、不正解です。

選択肢C
データ隠蔽の説明となるため、不正解です。

選択肢D
ポリモフィズムの正しい説明のため、正解です。

解答 D

問題 5-13

重要度 ★★★

ポリモフィズムと最も関連の深いものを1つ選択してください。

A. インタフェースの継承
B. 実装クラスでのインタフェースメソッドの実装
C. スーパークラスの継承
D. スーパークラス型の参照変数へのサブクラスオブジェクトの代入

解説 **ポリモフィズム**についての問題です。

ポリモフィズムは、スーパークラスとサブクラスの継承関係やインタフェースと実装クラスの実装関係が必要です。その上で、スーパークラス型の参照変数やインタフェース型の参照変数で各オブジェクトを操作することでポリモフィズムが実現されます。

各選択肢の解説は、以下のとおりです。

選択肢A、B、C

どの選択肢もポリモフィズムに関連する内容ですが、正解の選択肢Dに比べるとあくまでもポリモフィズム実現の手段となるため、不正解です。

選択肢D

ポリモフィズムを実現する動作として正しく、またポリモフィズムに最も関連が深いため、正解です。

解答 D

問題 5-14

重要度 ★★☆

ポリモフィズムの概念を実現するための用語として、不適切なものはどれですか。1つ選択してください。

A. インタフェース
B. ガベージコレクション
C. 継承
D. オーバーライド
E. 参照型の型変換

解説 **ポリモフィズム**についての問題です。

ポリモフィズムの実現には、スーパークラスとそのサブクラスという継承関係や、インタフェースとそのインタフェースの実装クラスという関係が必要になります。

さらに、サブクラスではスーパークラスのメソッドを、インタフェース実装クラスではインタフェースのメソッドをオーバーライドすることで実現します。

また、参照型の型変換を行うことにより各オブジェクトのスーパークラス型やインタフェース型の変数でサブクラス、実装クラスのオブジェクトを扱えるようになります。

したがって、不適切な用語は「ガベージコレクション」となるため、選択肢Bが正解です。

ガベージコレクションはJVMのメモリ管理機能です。

解答 B

問題 5-15

重要度 ★★☆

以下の文章に最も関連の深い用語を1つ選択してください。

「同じ操作の呼び出しでオブジェクトごとに応じた適切な処理をするための概念」

A. オーバーロード
B. 継承
C. 仮想化
D. ポリモフィズム

ポリモフィズムについての問題です。

ポリモフィズムでは、同じ操作の呼び出しで、呼び出された各オブジェクトがそれぞれ異なる適切な処理を行います。したがって、選択肢Dが正解です。

選択肢A、B、Cは設問と関連がないため不正解です。

解答 D

問題 5-16

重要度 ★★★

以下の文章に最も関連の深い用語を1つ選択してください。

「各目的に従ってスーパークラスのメソッドをサブクラスで再実装すること」

A. ガベージコレクション
B. オーバーロード
C. オーバーライド
D. 仮想化

解説

オーバーライドについての問題です。

オーバーライドとは、スーパークラスのメソッドをサブクラスで再定義することです。また、オーバーライドはインタフェースのメソッドをそのインタフェースの実装クラス側で実装する際にも使用されます。したがって、選択肢Cが正解です。

選択肢A、B、Dは設問の文章と関連がないため不正解です。

解答 C

アクセスキー **v** (小文字のブイ)

6章

クラス定義とオブジェクトの生成、使用

本章のポイント

▶ **クラスの定義とオブジェクトの生成、使用**

オブジェクト指向において基本となる、オブジェクトの生成方法を理解します。また、オブジェクトを生成するための雛形となるクラスの定義方法、メンバ変数やメンバメソッドの定義についても理解します。

重要キーワード

クラス、オブジェクト、属性（変数）、操作（メソッド）

▶ **オーバーロードメソッドの作成と使用**

同一クラス内に同じ名前のメソッドを複数定義するメソッドのオーバーロードについて理解します。

▶ **コンストラクタの定義**

オブジェクトを生成する際に呼び出されるコンストラクタについて理解します。コンストラクタの定義方法やメソッドとの違いを理解します。

重要キーワード

コンストラクタ、コンストラクタのオーバーロード

▶ **アクセス修飾子（public/privateに限定）の適用とカプセル化**

カプセル化とアクセス修飾子について理解します。変数やメソッドを公開するためのpublic修飾子、外部からのアクセスを禁止するprivate修飾子の特徴を理解します。

重要キーワード

public、private

▶ **static変数およびstaticメソッドの定義と使用**

オブジェクト個々ではなく、クラスに属するメンバであるstatic変数、staticメソッドを理解します。オブジェクト個々に属するインスタンス変数やインスタンスメソッドとの違いや、呼び出し方について理解します。

重要キーワード

static、クラス名.static変数名、
クラス名.staticメソッド名

問題 **6-1** 重要度 ★★★

次のコードを確認してください。

```
 1: class Apple {
 2:     int seeds;
 3:     void setSeeds(int seeds) {
 4:         this.seeds = seeds;
 5:     }
 6:     void printSeeds() {
 7:         System.out.println(seeds);
 8:     }
 9: }
10: public class UseApple {
11:     public static void main(String[] args) {
12:         // insert code here
13:         // insert code here
14:         // insert code here
15:     }
16: }
```

12～14行目にどのコードを挿入すれば、コンパイルが成功しますか。1つ選択してください。

A. 12行目：Apple apl = new Apple();
   13行目：apl.setSeeds();
   14行目：printSeeds();
B. 12行目：Apple apl = new Apple();
   13行目：setSeeds(10);
   14行目：printSeeds();
C. 12行目：Apple apl = new Apple();
   13行目：apl.setSeeds(10);
   14行目：apl.printSeeds();
D. 12行目：Apple apl = new Apple();
   13行目：apl.setSeeds();
   14行目：apl.printSeeds();

インスタンス化についての問題です。

インスタンス化とは、オブジェクト指向プログラミングにおいて、クラスをもとにオブジェクトを生成することです。生成されたオブジェクトはインスタンスとも呼ばれます。

クラスは、オブジェクトに持たせたい変数やメソッド（**メンバ**）を定義するための雛形になります。

クラスの中に定義した変数は**インスタンス変数**、**メンバ変数**、**フィールド**と呼ばれ、クラスの中に定義するメソッドは、**インスタンスメソッド**、**メンバメソッド**とも呼ばれます。

インスタンス化には**newキーワード**を使用します。

インスタンス化の構文は、以下のとおりです。

構文

```
データ型名 参照変数名 = new クラス名();
```

実行例

```
Employee a = new Employee();
```

生成されたオブジェクト内の変数やメソッドにアクセスする場合には、**.（ドット）演算子**を使用します。

オブジェクト内の変数やメソッドにアクセスする構文は、以下のとおりです。

構文

```
参照変数名.変数名;
参照変数名.メソッド名(引数);
```

実行例

```
a.id;
a.setId(100);
```

上記の構文に沿って12～14行目に正しく挿入できるコードは、選択肢Cです。

選択肢Cのイメージ図は、以下のとおりです。

選択肢Cの12行目

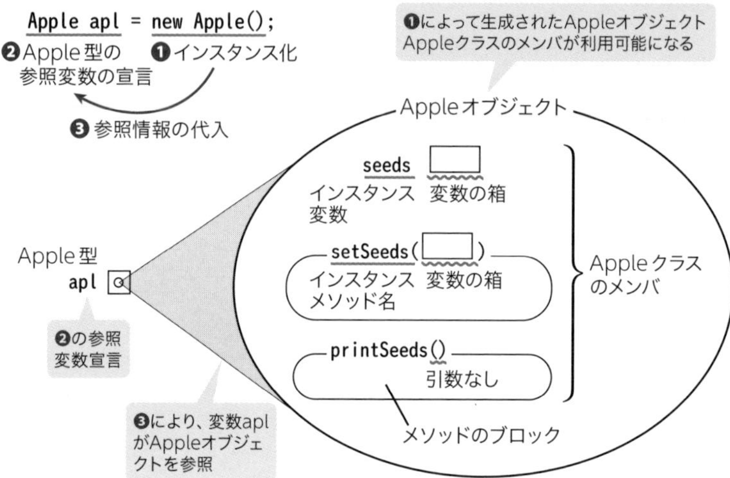

選択肢Cの13行目

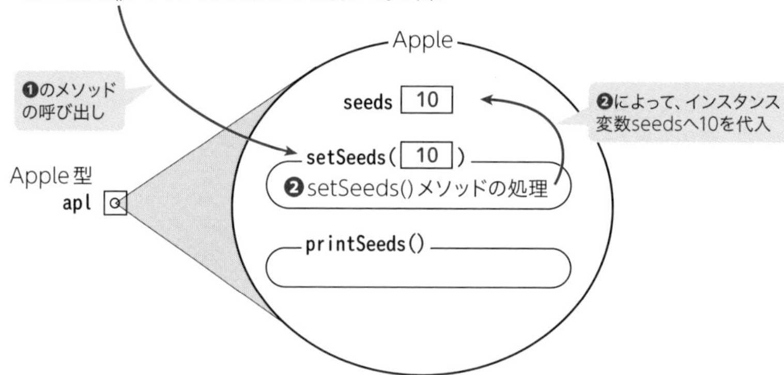

選択肢Cの14行目

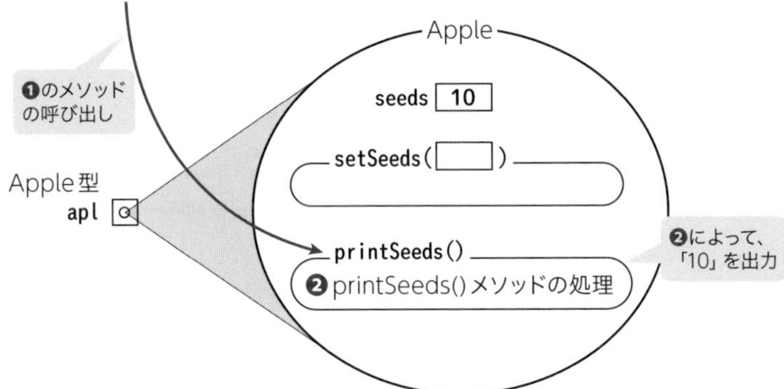

その他の選択肢の解説は、以下のとおりです。

選択肢A

3行目で引数1つのsetSeeds()メソッドが定義されていますが、引数なしのsetSeeds()メソッドは定義されていません。引数なしのsetSeeds()メソッドを呼び出しているためコンパイルエラーが発生します。14行目のprintSeeds();の記述においても参照変数名の指定がないためコンパイルエラーが発生します。したがって、不正解です。

選択肢B

12行目のApple apl = new Apple();は構文に沿った正しい記述ですが、13行目のsetSeeds(10);で参照変数名の指定がないためコンパイルエラーが発生します。インスタンス化したオブジェクト内のメソッドを呼び出すためには、「参照変数名.メソッド名()」の形式で呼び出す必要があります。したがって、不正解です。

選択肢D

選択肢Aと同様に、13行目のapl.setSeeds();でコンパイルエラーが発生します。したがって、不正解です。

解答 C

6章 クラス定義とオブジェクトの生成、使用

問題 6-2

重要度 ★★★

次のコードを確認してください。

```
1:  class Test {
2:      public static void main(String args[]) {
3:          Test test1 = new Test();
4:          Test test2 = test1;
5:          Test test3 = test2;
6:          Test test4 = null;
7:      }
8:  }
```

このコードを実行すると、Testクラスのオブジェクトはいくつ生成されますか。1つ選択してください。

A. 0
B. 1
C. 2
D. 3

インスタンス化についての問題です。

インスタンス化に使用されるキーワードは**new**です。3～6行目の処理では、newキーワードが3行目のインスタンス化で一度しか使用されていないため、生成されたオブジェクトも1つとなります。

3行目では、Testオブジェクトを生成しています。

4～5行目の記述のように、参照変数間で代入処理を行った場合は、同一オブジェクトの参照を行います。よって、変数test1、test2、test3については3行目で生成したTestオブジェクトを共有している状態となります。変数test4についてはnullが代入されているため、オブジェクトの参照は行っていません。

したがって、選択肢Bが正解です。

3行目

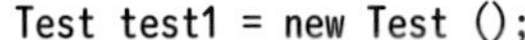

```
Test test1 = new Test ();
```

4行目

```
Test test2 = test1;
```

❶ 変数test1の参照情報を変数test2へコピー

5行目

```
Test test3 = test2;
```

❷ 変数test2の参照情報を変数test3へコピー

6行目

```
Test test4 = null;
```

❸ 変数test4は参照なし

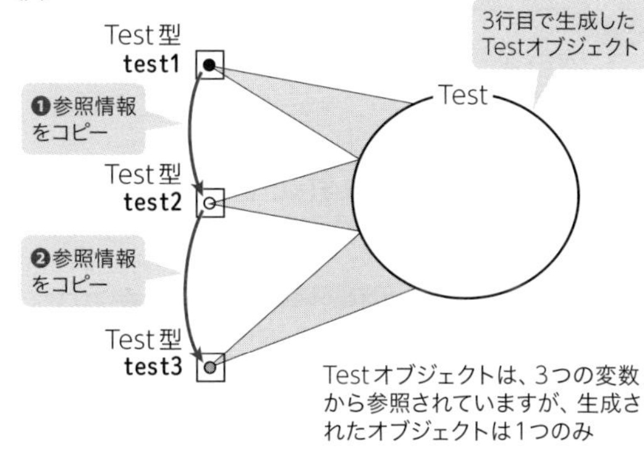

解答 B

問題 6-3

重要度 ★★★

次のコードを確認してください。

```
 1: public class Calculation {
 2:     public float printDataA(int num1, float num2) {
 3:         return num1 + num2;
 4:     }
 5:     public String printDataB(String var1, int var2) {
 6:         return var1 + var2;
 7:     }
 8:     public static void main(String[] args) {
 9:         Calculation calc = new Calculation();
10:         System.out.println("Result = " + calc.printDataA(10, 30.0f));
11:         System.out.println("Result = " + calc.printDataB("1", 5));
12:     }
13: }
```

このコードをコンパイル、および実行すると、どのような結果になりますか。1つ選択してください。

A. Result = 40
   Result = 6

B. Result = 40
   Result = 15

C. Result = 40.0
   Result = 15

D. Result = 40.0
   Result = 6

E. コンパイルエラーが発生する

オブジェクトの生成と使用についての問題です。

9行目では、Calculationオブジェクトを生成しています。

9行目

```
Calculation calc = new Calculation();
```

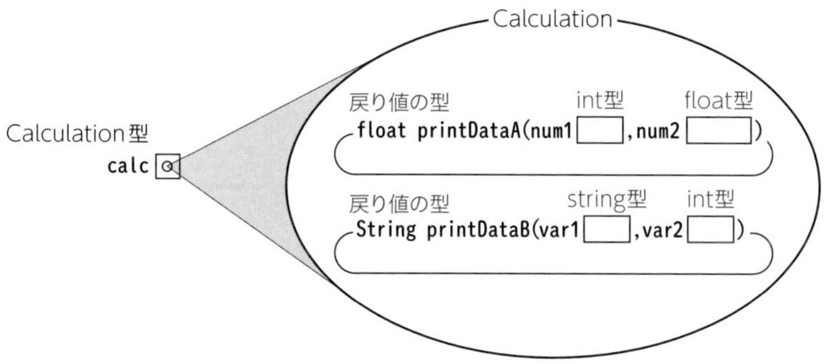

10行目では、2行目のprintDataA()メソッドを呼び出します。

printDataA()メソッドでは、引数として受け取ったint型の10とfloat型の30.0を＋演算子で加算し、float型の数値として返しています。10 ＋ 30.0が実行され、40.0を返します。

11行目では、5行目のprintDataB()メソッドを呼び出します。

printDataB()メソッドでは引数として受け取ったString型の"1"とint型の5を＋演算子で連結し、String型の文字列として返します。"1"+5が実行され、文字列"15"を返します。

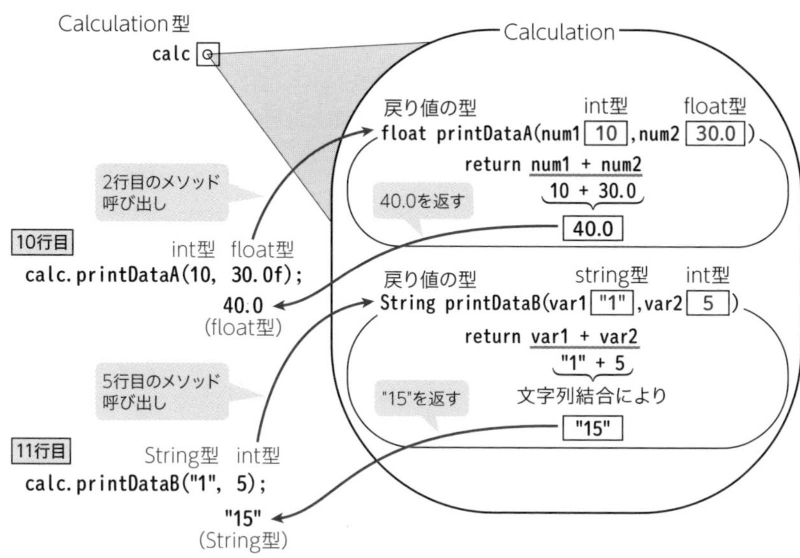

6章 クラス定義とオブジェクトの生成、使用

したがって、実行結果は「Result = 40.0」と「Result = 15」が出力されるため、選択肢Cが正解です。

解答 C

問題 6-4

重要度 ★★☆

次のコードを確認してください。

```
 1:  class Car {
 2:      int petrol;
 3:      void setPetrol(int amount) {
 4:          petrol = amount;
 5:      }
 6:      void printPetrol() {
 7:          System.out.println("Amount of petrol = " + petrol);
 8:      }
 9:  }
10:  public class UseCar {
11:      public static void main(String[] args) {
12:          Car car = new Car();
13:          car.setPetrol();
14:          car.petrol = 10;
15:          car.printPetrol();
16:     }
17:  }
```

このコードをコンパイル、および実行すると、どのような結果になりますか。1つ選択してください。

A. "Amount of petrol = " 10
B. Amount of petrol = 10
C. "Amount of petrol = " 0
D. Amount of petrol = 0
E. 実行時に例外がスローされる
F. コンパイルエラーが発生する

オブジェクトの生成と**オブジェクトの使用**についての問題です。

12行目でCarオブジェクトを生成後、13行目でsetPetrol()メソッドを呼び出しています。呼び出しているのは引数なしのsetPetrol()メソッドですが、Carクラス内には引数なしのsetPetrol()メソッドの定義がないためコンパイルエラーが発生します。

したがって、選択肢Fが正解です。

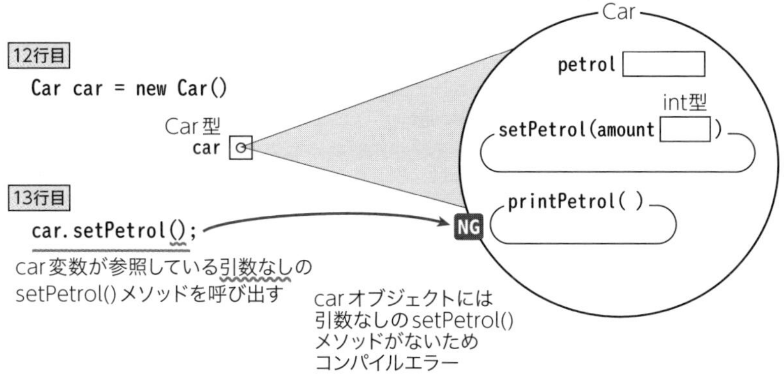

参考

3行目のsetPetrol()メソッドはint型の引数を1つ宣言しているため、13行目からsetPetrol()メソッドを呼び出す際にint型の値を1つ渡すことでコンパイルエラーは発生しません。

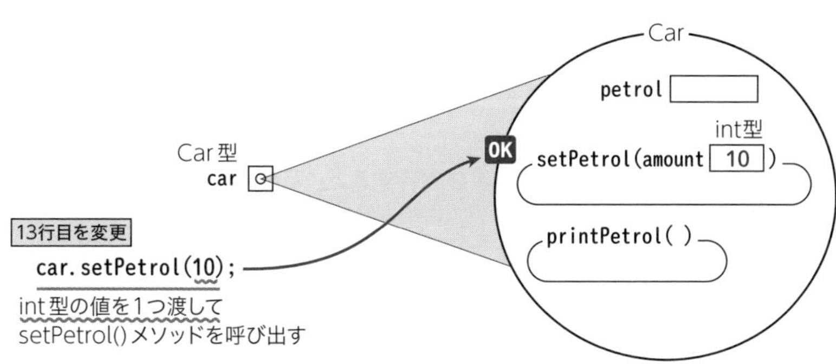

解答 F

6章 クラス定義とオブジェクトの生成、使用

問題
6-5

重要度 ★★★

次のコードを確認してください。

```
 1: class Car {
 2:     int petrol;
 3:     void setPetrol(int amount) {
 4:         petrol = amount;
 5:     }
 6:     void printPetrol() {
 7:         System.out.print(petrol + " ");
 8:     }
 9: }
10: public class UseCar {
11:     public static void main(String[] args) {
12:         Car car1 = new Car();
13:         Car car2 = new Car();
14:         Car car3 = car2;
15:         car1.setPetrol(10);
16:         car2.setPetrol(20);
17:         car3.setPetrol(30);
18:         car1.printPetrol();
19:         car2.printPetrol();
20:         car3.printPetrol();
21:     }
22: }
```

このコードをコンパイル、および実行すると、どのような結果になりますか。1つ選択してください。

A. 10 30 30
B. 10 20 30
C. 10 20 20
D. 実行時に例外がスローされる
E. コンパイルエラーが発生する

オブジェクトの参照についての問題です。

12行目と13行目でCarオブジェクトを生成しています。

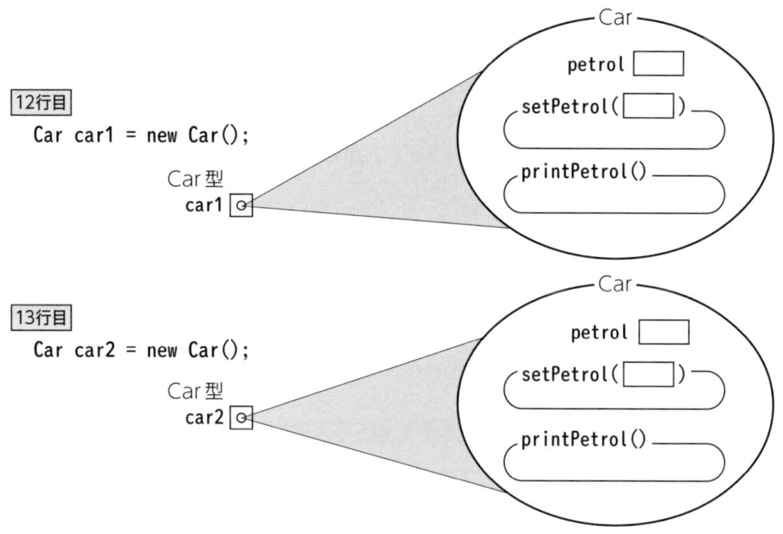

14行目では13行目で生成したオブジェクトの参照を変数car3に代入しているため、変数car2と変数car3は同じCarオブジェクトを参照しています。

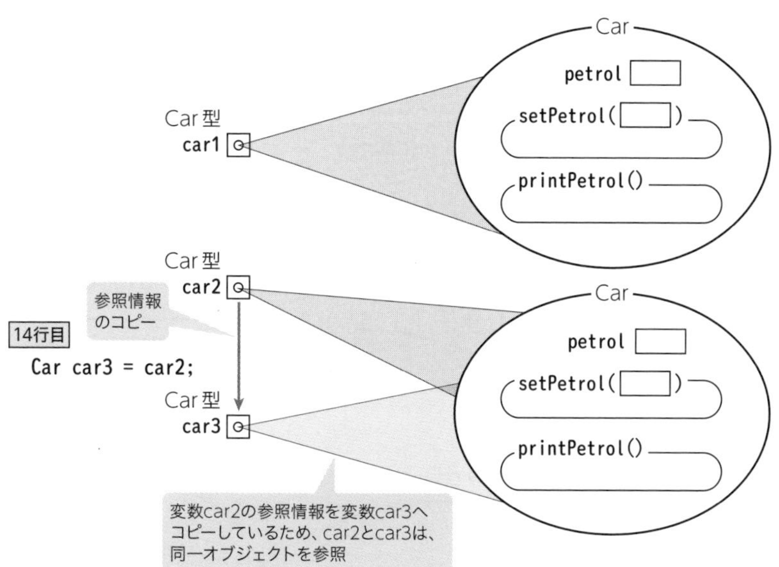

15行目では変数car1が参照しているオブジェクトのインスタンス変数petrolを10に設定しています。

16行目ではcar2が参照しているオブジェクトのインスタンス変数petrolを20に設定しています。

17行目では変数car3が参照しているオブジェクトのインスタンス変数petrolに30を設定していますが、変数car2と変数car3は同じオブジェクトを参照しているため、16行目で設定した20を30で上書きします。

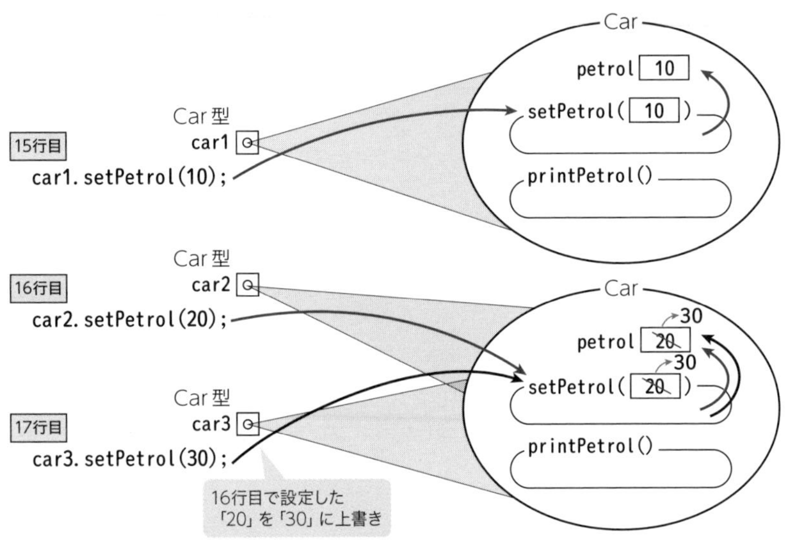

よって、18〜20行目でprintPetrol()メソッドを呼び出すと「10 30 30」が出力されます。したがって、選択肢Aが正解です。

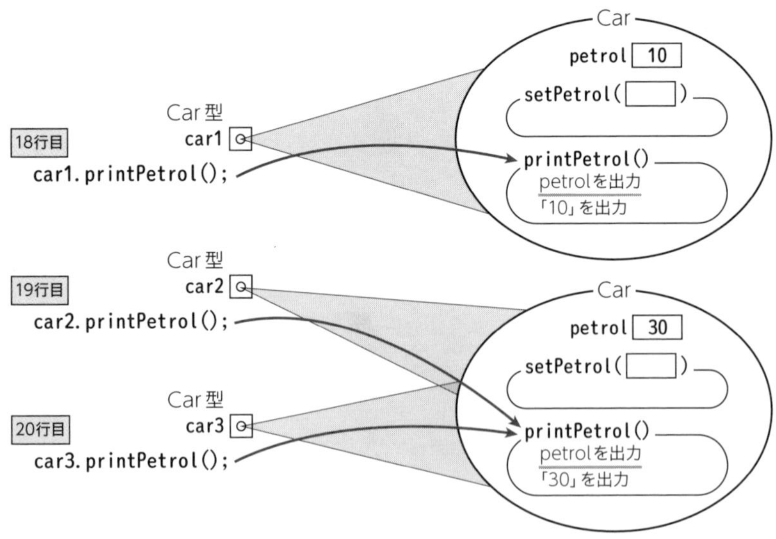

解答 A

問題 6-6

重要度 ★★★

次のコードを確認してください。

```
1:  class Display {
2:      int dispValue(String value) {
3:          return 10;
4:      }
5:
6:      // insert code here
7:  }
```

6行目にどのコードを挿入すれば、2行目のdispValue()メソッドをオーバーロードできますか。2つ選択してください。

A.
```
public int dispValue(long value) {
    return 10;
}
```
B.
```
int dispValue(int value, String str) {
    return 10;
}
```
C.
```
long dispValue(String value) {
    return 10;
}
```
D.
```
public int dispValue(String value) {
    return 10;
}
```
E.
```
float dispValue(String value) {
    return 10;
}
```


解説 オーバーロードについての問題です。

オーバーロードとは、同一クラス内に**引数の数やデータ型が異なる同じ名前のメソッドを複数定義**することです。呼び出し時には、「メソッド名」「引数の型や数、順序」をもとにどのメソッドが呼び出されるかが決まります。

各選択肢の解説は、以下のとおりです。

選択肢A

引数のデータ型が異なるため、正解です。

選択肢B

引数の数が異なるため、正解です。

選択肢C、E

引数の数とデータ型が一致しています。オーバーロードでは引数の内容によってメソッド呼び出しを決定するため、戻り値の型が異なるだけではオーバーロードにはなりません。したがって、不正解です。

選択肢D

引数の数とデータ型が一致しています。オーバーロードでは引数の内容によりメソッド呼び出しを決定するため、修飾子が異なるだけではオーバーロードにはなりません。したがって、不正解です。

解答 A、B

問題 6-7

重要度 ★★★

次のコードを確認してください。

```
 1:  class Account {
 2:      long balance(int var) { return 20000; }
 3:      double rate(int var, char var2) { return 0.01; }
 4:  }
 5:  public class SavingAccount extends Account {
 6:      int balance(long var) { return 50000; }
 7:      long balance(char var) { return 50000; }
 8:      long balance(int var) { return 50000; }
 9:      public float rate(int var, char var2) { return 0.05; }
10:      public double rate(char var, int var2) { return 0.05; }
11:  }
```

オーバーロードが正しく行われているのは、何行目ですか。3つ選択してください。

A. 6行目　　B. 7行目
C. 8行目　　D. 9行目
E. 10行目

オーバーロードについての問題です。

SavingAccountクラスでは、Accountクラスの2～3行目で定義されているメソッドをオーバーロードしています。

2行目では、int型の引数1つのbalance()メソッドが定義されています。

3行目では、int型とchar型の引数2つのrate()メソッドが定義されています。

オーバーロードの場合、同じメソッド名で引数の数またはデータ型が異なる必要があります。

各選択肢の解説は、以下のとおりです。

選択肢A、B
2行目のbalance()メソッドと引数のデータ型が異なるため、正解です。

選択肢C
2行目のbalance()メソッドと引数のデータ型が一致しているため、オーバーロードではなく、オーバーライドとなります。コンパイルエラーは発生しませんが、オーバーロードではないため、不正解です。

選択肢D
3行目のrate()メソッドと引数の数とデータ型が一致しているため、コンパイルエラーが発生します。オーバーロードでは引数の内容によりメソッド呼び出しを決定するため、戻り値の型が異なるだけではオーバーロードにはなりません。したがって、不正解です。

選択肢E
3行目のrate()メソッドと引数のデータ型が異なるため、正解です。

解答 A、B、E

問題 6-8

重要度 ★★★

次のコードを確認してください。

```
public class Display {
    public double dispValue(int num1, double num2) {
        return num1 + num2;
    }
    public String dispValue(String var1, String var2) {
        return var1 + var2;
    }
    public static void main(String[] args) {
        Display dis = new Display();
        System.out.println("Result = " + dis.dispValue(5, 20.0));
        System.out.println("Result = " + dis.dispValue("1", "5"));
    }
}
```

このコードをコンパイル、および実行すると、どのような結果になりますか。1つ選択してください。

A. Result = 25
　Result = 6

B. Result = 25.0
　Result = 15

C. Result = 25.0
　Result = 6

D. Result = 25
　Result = 15

E. コンパイルエラーが発生する

オーバーロードについての問題です。

Displayクラス内ではdispValue()メソッドがオーバーロードされています。メソッドがオーバーロードされている場合は、引数の数やデータ型をもとに呼び出すメソッドが決定します。

9行目

```
Display dis = new Display();
```

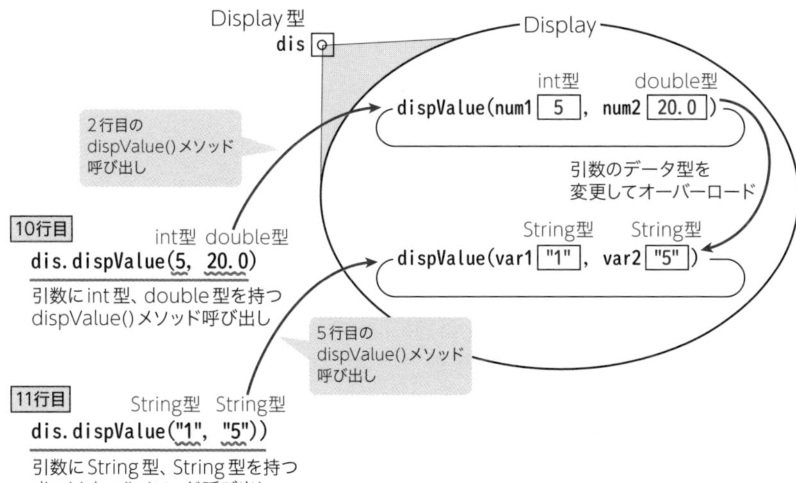

10行目では、int型の5とdouble型の20.0を引数に渡しています。このため、2行目のdispValue()メソッドを呼び出します。

2行目のdispValue()メソッドでは、引数で受け取った5と20.0を加算した、double型の25.0を返します。

11行目では、String型の"1"と"5"を引数に渡しているため、5行目のdispValue()メソッドを呼び出します。

5行目のdispValue()メソッドでは、引数で受け取った"1"と"5"を連結した文字列"15"を返します。

したがって、実行結果は「Result = 25.0」、「Result = 15」と出力されるため、選択肢Bが正解です。

解答 B

6-9

重要度 ★★★

オーバーロードメソッドが定義されたクラスとして、適切なものはどれですか。1つ選択してください。

A.
```
class Test {
    public void func(int i, int j) {}
    public void func(int i) {}
}
```
B.
```
class Test {
    public void func(int i, int j) {}
    public int func(int i, int j) {}
}
```
C.
```
class Test {
    public void func(int i, int j) {}
    public func(int i) {}
}
```
D.
```
class Test {
    public void func(int i, int j) {}
    public void function() {}
}
```

オーバーロードについての問題です。

オーバーロードとは、同一クラス内に「同じ名前で引数の型や数の異なるメソッド」を複数定義することです。

各選択肢の解説は、以下のとおりです。

選択肢A

クラス内に同じfunc()メソッドを複数定義しています。また、それぞれのメソッドの引数が異なるため、呼び分けが可能でオーバーロードとして動作します。したがって、正解です。

選択肢B

2つのfunc()メソッドは、戻り値の型宣言が異なりますが、オーバーロードで必要な「メソッド名と引数の型と数」がまったく同じです。つまり、呼び分けができないため、コンパイルエラーが発生します。したがって、不正解です。

選択肢C

2つめのfunc()メソッド定義に戻り値の型宣言がありません。つまり、メソッドの定義として正しくありません。したがって、不正解です。

選択肢D

2つのメソッドはそれぞれメソッド名が異なるため、オーバーロードではありません。したがって、不正解です。

解答 A

問題 6-10

重要度 ★★★

次のコードを確認してください。

```
1.  class Apple {
2.      private int seeds;
3.
4.      // insert code here
5.
6.      public void disp() {
7.          System.out.println("seeds : " + seeds);
8.      }
9.  }
10.
11. class Test {
12.     public static void main(String args[]) {
13.         Apple apple = new Apple(5);
14.         apple.disp();
15.     }
16. }
```

4行目にどのコードを挿入すれば、「seeds : 5」と出力できますか。2つ選択してください。

A.
```
private Apple(int seeds) {
    this.seeds = seeds;
}
```

B.
```
Apple(int seeds) {
    this.seeds = seeds;
}
```

C.
```
public Apple(int seeds) {
    this.seeds = seeds;
}
```

D.
```
public void Apple(int seeds) {
    this.seeds = seeds;
}
```

E.
```
final Apple(int seeds) {
    this.seeds = seeds;
}
```

コンストラクタについての問題です。

コンストラクタとはオブジェクトを生成する際に一度だけ呼び出される処理ブロックです。インスタンス変数の初期化など、オブジェクトの生成と同時に行っておきたい処理を記述します。

定義方法はメソッドと似ていますが、コンストラクタには、以下のルールがあります。

- クラス名と同じ名前で定義
- 戻り値の型宣言は定義しない（定義した場合、メソッドとして認識される）
- インスタンス化の際にコンストラクタへ値を渡すことができる
- オーバーロードが可能

コンストラクタの定義は、以下のとおりです。

構文

```
[修飾子] コンストラクタ名 (引数) {}
```

実行例

```
class Employee {
    int id;

    // コンストラクタの定義
    Employee(int id) {
        this.id = id;
    }
}
```

コンストラクタに指定する修飾子は、以下のとおりです。

| 表 | **コンストラクタに指定する修飾子**

修飾子	意味
public	どのクラスからでも利用可能
protected	このクラスを継承したサブクラス、もしくは同一パッケージ内のクラスから利用可能
修飾子なし	同一パッケージ内のクラスからのみ利用可能
private	同一クラス内からのみ利用可能

コンストラクタを呼び出す構文は、以下のとおりです。

構文

```
new コンストラクタ()
new コンストラクタ(引数)
```

実行例

```
Employee e = new Employee();
Employee e = new Employee(100);
```

各選択肢の解説は、以下のとおりです。

選択肢A

private修飾子を指定すると外部クラスであるTestクラスからコンストラクタの呼び出しができず、コンパイルエラーとなります。したがって、不正解です。

選択肢B

修飾子なしのコンストラクタは、同じパッケージ内のクラスから呼び出しが可能です。したがって、正解です。

選択肢C

public修飾子を指定することで、異なるパッケージの外部クラスからのインスタンス化も可能です。したがって、正解です。

選択肢D

戻り値の型を宣言しているため、コンストラクタの宣言ではなくメソッドの宣言になります。13行目のインスタンス化の際に引数1つのコンストラクタを呼び出しているためコンパイルエラーとなります。したがって、不正解です。

選択肢E

final修飾子を指定しているためコンパイルエラーとなります。コンストラクタにfinal修飾子を指定することはできません。したがって、不正解です。

選択肢B、Cのイメージ図は、以下のとおりです。

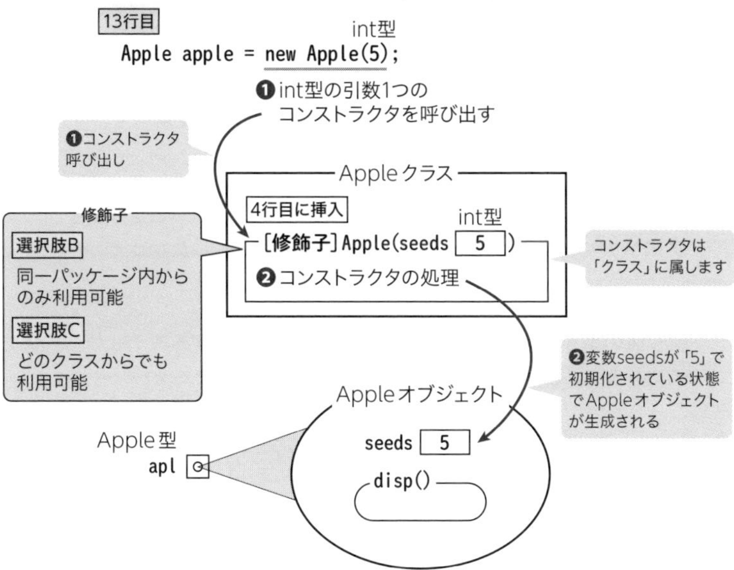

解答 B、C

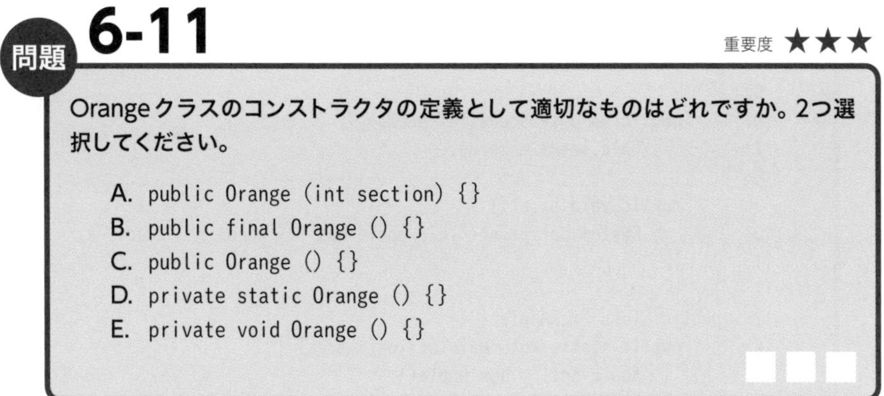

問題 6-11

重要度 ★★★

Orangeクラスのコンストラクタの定義として適切なものはどれですか。2つ選択してください。

A. `public Orange (int section) {}`
B. `public final Orange () {}`
C. `public Orange () {}`
D. `private static Orange () {}`
E. `private void Orange () {}`

解説

コンストラクタについての問題です。

各選択肢の解説は、以下のとおりです。

選択肢A

コンストラクタ定義のルールを満たしているため、正解です。

選択肢B

final修飾子を指定しているためコンパイルエラーとなります。コンストラクタにfinal修飾子を指定することはできません。したがって、不正解です。

選択肢C

コンストラクタ定義のルールを満たしているため、正解です。

選択肢D

static修飾子を指定しているため、コンパイルエラーとなります。コンストラクタにstatic修飾子を指定することはできません。したがって、不正解です。

選択肢E

戻り値の型を宣言しているため、コンストラクタの宣言ではなくメソッドの宣言になります。したがって、不正解です。

解答 A、C

問題 6-12

重要度 ★★☆

次のコードを確認してください。

```
class Apple {
    int seeds;
    public Apple(int seeds) {
        this.seeds = seeds;
    }
    public void setSeeds(int seeds) {
        this.seeds = seeds;
    }
    public void print() {
        System.out.print("This apple has " + seeds + " seeds.");
    }
}
public class PickApple {
    public static void main(String[] args) {
        Apple apl1 = new Apple();
        Apple apl2 = new Apple(10);
        apl1.print();
        apl1.setSeeds(10);
        apl2.print();
    }
}
```

このコードをコンパイル、および実行すると、どのような結果になりますか。1つ選択してください。

A. 0 10
B. 10 10
C. 15行目でコンパイルエラーが発生する
D. 16行目でコンパイルエラーが発生する
E. 17行目でコンパイルエラーが発生する

コンストラクタについての問題です。

クラス内にコンストラクタが1つも定義されていない場合に限り、コンパイラによって「引数なし、本体が空」の**デフォルトコンストラクタ**が自動的に生成されます。

しかし、クラス内にコンストラクタを1つでも明示的に定義した場合、デフォルトコンストラクタは生成されません。そのため、Appleクラスにはデフォルトコンストラクタは生成されず、引数なしのコンストラクタ呼び出しはコンパイルエラーとなります。

したがって、選択肢Cが正解です。

 C

問題 6-13

重要度 ★★★

次のコードを確認してください。

```
 1:  class Test {
 2:      String rank = "Bronze";
 3:      Test(String rank) {
 4:          this.rank = rank;
 5:      }
 6:      public static void main(String[] args) {
 7:          Test t1 = new Test();
 8:          Test t2 = new Test("Silver");
 9:          System.out.println(t1.rank + " : " + t2.rank);
10:      }
11:  }
```

このコードをコンパイル、および実行すると、どのような結果になりますか。1つ選択してください。

A. Bronze : Bronze
B. Bronze : Silver
C. null ; Silver
D. コンパイルエラーが発生する

コンストラクタについての問題です。

7行目、8行目でそれぞれTestクラスのインスタンス化が行われています。また、インスタンス化の際に、コンストラクタが呼び出されオブジェクトの初期化が行われます。

問題のコードを確認すると、7行目と8行目でコンストラクタ呼び出しが行われています。

- **7行目**：「引数なし」のコンストラクタ呼び出し
- **8行目**：「String型の引数1つ」のコンストラクタ呼び出し

Testクラスには3行目に「String型の引数1つ」のコンストラクタが定義されているため、8行目のインスタンス化での初期化処理は成功します（メンバ変数rankに"Silver"が代入されます）。

しかし、7行目の「引数なし」のコンストラクタ呼び出しに対応するコンストラクタが定義されていないため、コンパイルエラーが発生します。

「引数なし」のコンストラクタとして、デフォルトコンストラクタがありますが、あくまでもデフォルトコンストラクタは「クラスに1つもコンストラクタが定義されていない」際に暗黙的に定義されるため、問題のコードでは、デフォルトコンストラクタは定義されません。

したがって、選択肢Dが正解です。

解答 D

問題 6-14

重要度 ★★★

次のコードを確認してください。

```
 1: class Test {
 2:     private String color;
 3:     private String size;
 4:     private String figure = "circle";
 5:     Test() {
 6:         // insert code here
 7:     }
 8:     Test(String size) {
 9:         this.size = size;
10:     }
11:     public void disp() {
12:         System.out.print(color + " : " + size);
13:     }
14:     public static void main(String[] args) {
15:         Test t = new Test();
16:         t.disp();
17:     }
18: }
```

6行目にどのコードを挿入すれば、インスタンス変数のcolorとsizeを初期化することができますか。1つ選択してください。

A. `Test("small"); color = "red";`
B. `this("small"); color = "red";`
C. `this(figure); color = "red";`
D. `color = "red"; this("small");`
E. `color = "red"; this.Test(figure);`

コンストラクタと**thisキーワード**についての問題です。

15行目でTestクラスをインスタンス化しています。その際、右辺のコンストラクタ呼び出しは「引数なし」となっているため、5行目の「引数なし」コンストラクタが呼び出されます。

各選択肢の解説は、以下のとおりです。

選択肢A

コンストラクタから同一クラス内コンストラクタを呼び出す場合はthis()キーワードを使用します。選択肢のTest("small");という呼び出しはコンパイルエラーが発生します。したがって、不正解です。

選択肢B

this()キーワードで8行目のコンストラクタを呼び出し変数sizeを初期化し、その後に変数colorを初期化しています。したがって、正解です。

選択肢C

this()キーワードの引数にインスタンス変数figureを指定していますが、this()の引数にインスタンス変数を指定することができません。したがって、不正解です。

選択肢D

this()キーワードを使った呼び出しは、コンストラクタの先頭の処理でなければなりません。したがって、不正解です。

選択肢E

this.Test(figure)という呼び出しは文法として正しくないため、コンパイルエラーが発生します。したがって、不正解です。

解答 B

問題 6-15

重要度 ★★☆

次のコードを確認してください。

```
 1: public class Number {
 2:     int num1, num2;
 3: 
 4:     public Number(int num2) {
 5:         this.num2 = num2 * 5;
 6:         System.out.println("num2 : " + num2);
 7:     }
 8:     public Number(int num1, int num2) {
 9:         this(num2);
10:         this.num1 = num1 + 2;
11:         System.out.println("num1 : " + this.num1);
12:     }
13: 
14:     public static void main(String[] args) {
15:         int num1, num2;
16:         num1 = 2;
17:         num2 = 4;
18:         Number obj = new Number(num1, num2);
19:     }
20: }
```

このコードをコンパイル、および実行すると、どのような結果になりますか。1つ選択してください。

A. num1 : 4
num2 : 4

B. num1 : 4
num2 : 20

C. num2 : 4
num1 : 4

D. num2 : 20
num1 : 4

E. コンパイルエラーが発生する

解説 **コンストラクタ**と**thisキーワード**についての問題です。

18行目では、Numberクラスをインスタンス化する際に、変数num1と変数num2を引数に渡しています。この場合、int型の引数2つのコンストラクタを呼び出してオブジェクトの初期化処理が行われるため、8行目のコンストラクタが呼び出されます。

9行目のthis(num2)は、同一クラス内にあるint型の引数1つのコンストラクタを呼び出しているため、4行目のコンストラクタが呼び出されます。

4行目で宣言しているコンストラクタ内では、5行目でnum2 * 5の結果をthis.num2に代入しているため、インスタンス変数として宣言している2行目の変数num2に20の値を代入しています。

6行目では、変数num2を出力していますが、6行目で指定している変数num2は、コンストラクタの引数で宣言しているローカル変数のnum2を指すため「4」が出力されます。インスタンス変数のnum2を出力する場合は、this.num2と指定する必要があります。

インスタンス変数とローカル変数が同じ変数名で宣言されている場合、メソッド内でその変数を使用すると、ローカル変数が優先的に使用されます。

10行目のthis.num1 = num1 + 2により4をインスタンス変数として宣言している2行目の変数num1に代入し、11行目でthis.num1を出力しています。インスタンス変数を明示的に指定しているため、2行目の変数num1に格納されている「4」が出力されます。

したがって、実行結果は「num2 : 4」と「num1 : 4」が出力されるため、選択肢Cが正解です。

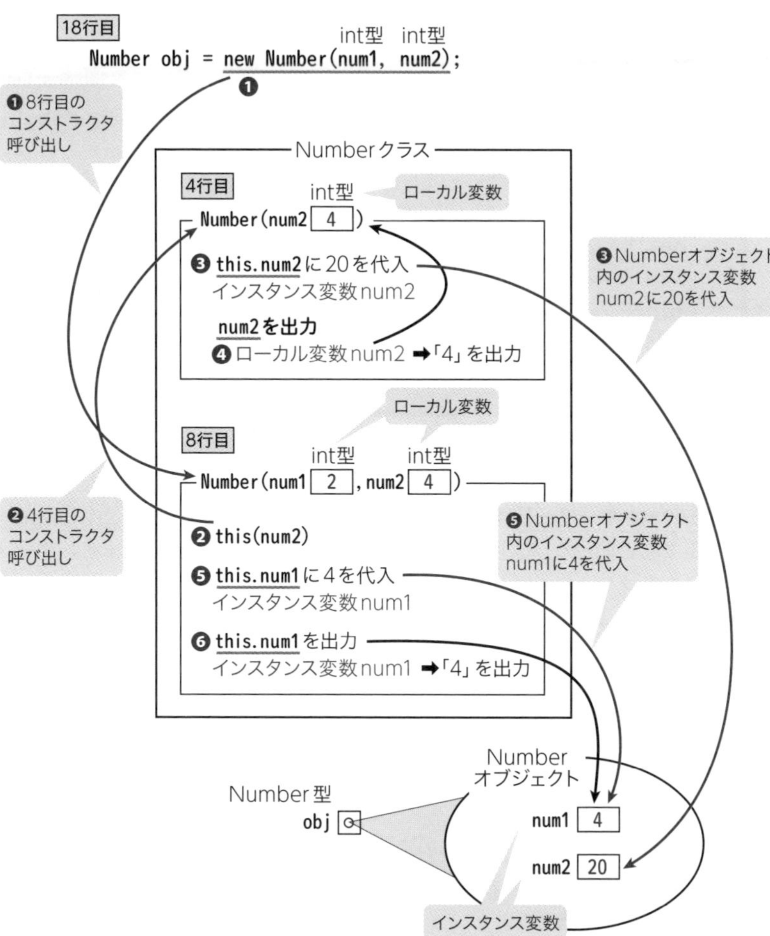

18行目
int型 int型
Number obj = new Number(num1, num2);
❶
❶8行目の
コンストラクタ
呼び出し
Numberクラス
4行目
int型
ローカル変数
Number(num2 4)
❸ this.num2に20を代入
インスタンス変数num2
num2を出力
❹ローカル変数num2 ➡「4」を出力
❸Numberオブジェクト
内のインスタンス変数
num2に20を代入
ローカル変数
8行目
int型 int型
Number(num1 2 ,num2 4)
❷4行目の
コンストラクタ
呼び出し
❷ this(num2)
❺Numberオブジェクト
内のインスタンス変数
num1に4を代入
❺ this.num1に4を代入
インスタンス変数num1
❻ this.num1を出力
インスタンス変数num1 ➡「4」を出力
Number
オブジェクト
Number型
obj
num1 4
num2 20
インスタンス変数

解答 C

問題 6-16

重要度 ★★★

privateキーワードで修飾できるものはどれですか。3つ選択してください。

A. クラスの抽象メソッド
B. クラスの変数
C. インタフェースのメソッド
D. クラスのコンストラクタ
E. クラスの具象メソッド
F. インタフェースの変数

解説 privateキーワードについての問題です。

privateキーワードはアクセス制御に使用する修飾子です。privateキーワードを指定すると同一クラス内のメソッドからのみアクセスを許可します。オーバーライドが必要なメソッドにはprivate修飾子は指定できません。

各選択肢の解説は、以下のとおりです。

選択肢A

抽象メソッドは実装処理を持たないメソッドです。暗黙的にpublic abstract修飾子が追加されるため、abstractとprivateを組み合わせて使用することはできません。したがって、不正解です。

選択肢B

クラス内に定義された変数はprivate修飾子を指定することができます。したがって、正解です。

選択肢C

インタフェースに定義したメソッドは実装クラスでオーバーライドしなければならないため、private修飾子は指定できません。したがって、不正解です。また、インタフェースに定義したメソッドには、暗黙的にpublic abstract修飾子が追加されます。

選択肢D

コンストラクタにprivate修飾子は指定可能です。コンストラクタにprivate修飾子を指定した場合は、同一クラス内に定義されているコンストラクタからのみ、呼び出すことが可能になります。private修飾子を指定できるため、正解です。

選択肢E

具象メソッドは実装処理を持つメソッドです。同一クラス内のみで使用するメソッドなどにはprivate修飾子を指定することができるため、正解です。

選択肢F

インタフェースに定義した変数には、暗黙的にpublic static final修飾子が追加されるためprivate修飾子は指定できません。したがって、不正解です。

解答 B、D、E

問題 6-17

重要度 ★★☆

クラスに関する説明として、正しいものはどれですか。2つ選択してください。

A. クラス修飾子を指定していないクラスにアクセスできるのは、同じパッケージに属するクラスのみである
B. 1つのソースファイルに定義できるpublicクラスは1つのみである
C. クラス修飾子を指定していないクラスには、他のパッケージに属するクラスからでもアクセスができる
D. 1つのソースファイルには、複数のpublicクラスを定義できる

解説 クラス修飾子についての問題です。

クラス修飾子を定義する場合には、以下のようなルールが適用されます。

- 1つのJavaソースファイル内に、複数のpublicクラスを定義することはできない
- public修飾子を指定した場合、ソースファイル名とpublicクラス名を同一にしなければならない
- クラス修飾子を指定していないクラスにアクセスできるのは、同一パッケージに属するクラスのみである

したがって、選択肢A、Bが正解です。

解答 A、B

6-18

重要度 ★★★

クラス内に定義したprivateメソッドにアクセスできるものはどれですか。2つ選択してください。

A. サブクラスのpublicメソッド
B. 同じクラス内のprivateコンストラクタ
C. 異なるクラスの具象メソッド
D. サブクラスのコンストラクタ
E. 同じクラス内でオーバーロードされたメソッド

private修飾子を指定したメソッドについての問題です。

メソッドにprivateが指定されている場合、同一クラス内に宣言されているメソッド、もしくはコンストラクタからのみアクセス可能になります。

各選択肢の解説は、以下のとおりです。

選択肢A

同じクラス内で継承関係のあるサブクラスであっても別クラスと認識されるため、privateメソッドにはアクセスできません。したがって、不正解です。

選択肢B

private修飾子が指定されているコンストラクタであっても、同じクラス内に定義されていればアクセス可能です。したがって、正解です。

選択肢C

private修飾子の指定されているメソッドは、異なるクラスからのアクセスは一切できません。したがって、不正解です。

選択肢D

選択肢Aと同様、サブクラスからprivateメソッドにアクセスできません。したがって、不正解です。

選択肢E

同じクラス内に定義されているメソッドは、修飾子やオーバーロードの有無に問わず、アクセス可能です。したがって、正解です。

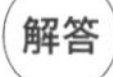

B、E

問題 6-19

重要度 ★★★

次のコードを確認してください。

```
class DigitalCamera extends Camera {
    private int pixel;

    private String setPixel(int pixel) {
        this.pixel = pixel;
    }
}
```

setPixel() メソッドに関して正しい記述はどれですか。1つ選択してください。

A. スーパークラスのメソッドから呼び出すことができる
B. 同一クラス内のメソッドから呼び出すことができる
C. 同じパッケージ内にあるサブクラスに定義したすべてのメソッドから呼び出すことができる
D. 異なるパッケージ内にあるサブクラスに定義したメソッドから呼び出すことができる

解説 **privateメソッド**についての問題です。

setPixel() メソッドは、privateキーワードで修飾されているため、同一クラス内に宣言されているメソッドやコンストラクタ内からのみアクセスできます。外部のクラスからはprivateメソッドにアクセスすることはできません。

したがって、選択肢Bが正解です。

解答 B

問題 6-20

重要度 ★★★

次のコードを確認してください。

```
1:  public class Apple {
2:      // insert code here
3:  }
```

2行目以降で変数seedsをカプセル化する、適切なコードの組み合わせはどれですか。3つ選択してください。

A.
```
public void setSeeds(int seeds) {
    this.seeds = seeds;
}
```
B.
```
public int seeds;
```
C.
```
private void setSeeds(int seeds) {
    this.seeds = seeds;
}
```
D.
```
private int getSeeds() {
    return seeds;
}
```
E.
```
private int seeds;
```
F.
```
public int getSeeds() {
    return seeds;
}
```

解説 カプセル化についての問題です。

カプセル化とは、オブジェクトの中に属性（変数）とその属性にアクセスする操作（メソッド）を1つにまとめて持たせることです。

カプセル化の概念にもとづき、属性は非公開（private）にして、操作は公開（public）とします。

したがって、選択肢A、E、Fが正解です。

解答 A、E、F

問題 6-21

重要度 ★★★

次のコードを確認してください。

```
class Employee {
    static int totalNumOfEmp = 500;

    public static double baseSalary(double time) {
        return 1500 * time;
    }
}
public class UseEmployee {
    public static void main(String args[]) {
        System.out.println(Employee.totalNumOfEmp + "people");
        System.out.println(Employee.baseSalary(160.5) + "yen");
    }
}
```

このコードをコンパイル、および実行すると、どのような結果になりますか。1つ選択してください。

A. 500people
240750.0yen

B. 500people
240750yen

C. 実行時に例外がスローされる

D. コンパイルエラーが発生する

解説 static修飾子についての問題です。

static変数はstatic指定されたメンバ変数を表し、**staticメソッド**はstatic指定されたメンバメソッドを表します。

static変数やstaticメソッドはどちらもクラスに属する変数やメソッドとなります。つまり**staticメンバ**は、複数のインスタンスを生成した場合でも共通の変数、共通のメソッドを利用するイメージとなります。

個々のオブジェクトで管理するメンバではないため、クラスをインスタンス化せずに「クラス名.static変数名」や「クラス名.staticメソッド名()」という呼び出しで使用できます。また、インスタンス化してからstatic変数やstaticメソッドを呼び出すことも可能です。

10行目や11行目のようにクラスをインスタンス化せずに「クラス名.static変数名」や「クラス名.staticメソッド名()」という記述は可能なため、コンパイルおよび実行は成功します。

各選択肢の解説は、以下のとおりです。

選択肢A

メソッドの戻り値はdouble型のため「240750.0yen」が正しい出力です。

「500people」「240750.0yen」ともに正しい出力ですので、正解です。

選択肢B

「500people」の出力は正しいですが、「240750yen」の出力が正しくありません。baseSalary()メソッドの戻り値はdouble型ですが、int型の出力となっています。したがって、不正解です。

選択肢C、D

コンパイル、実行のどちらも成功するため、不正解です。

解答 A

問題 6-22

重要度 ★☆☆

staticメソッドの定義として、不適切なものはどれですか。1つ選択してください。

A. `private static void func(String msg) { }`
B. `static private void func(String msg) { }`
C. `public static func(String msg) { }`
D. `public static void func() { }`
E. `static void func(String msg) { }`

staticメソッドについての問題です。

static修飾子は戻り値の型の前に指定します。戻り値の型の前であれば修飾子の順番は影響しません。

各選択肢の解説は、以下のとおりです。

選択肢A、B、D、E

戻り値の型であるvoidの前に指定されているため適切な記述です。したがって、不正解です。

選択肢C

メソッドの戻り値の型が定義されていないため不適切な記述です。したがって、正解です。

C

問題 6-23

重要度 ★★★

次のコードを確認してください。

```
class App {
    public static void main(String args[]) {
        Count c1 = new Count();
        Count c2 = new Count();
        c1.add(); c2.add();
        c1.disp(); c2.disp();
    }
}
class Count {
    private static int i;
    private int j;

    public void add() {
        i++;
        j++;
    }
    public void disp() {
        System.out.println(i + " : " + j);
    }
}
```

このコードをコンパイル、および実行すると、どのような結果になりますか。1つ選択してください。

A. 1 : 1
   1 : 1

B. 1 : 1
   2 : 1

C. 2 : 1
   2 : 1

D. コンパイルエラーが発生する

static変数についての問題です。

10行目に定義された変数iは「static変数」、11行目に定義された変数jは「インスタンス変数」です。main()メソッドの3〜4行目で2つのオブジェクトを生成しています。

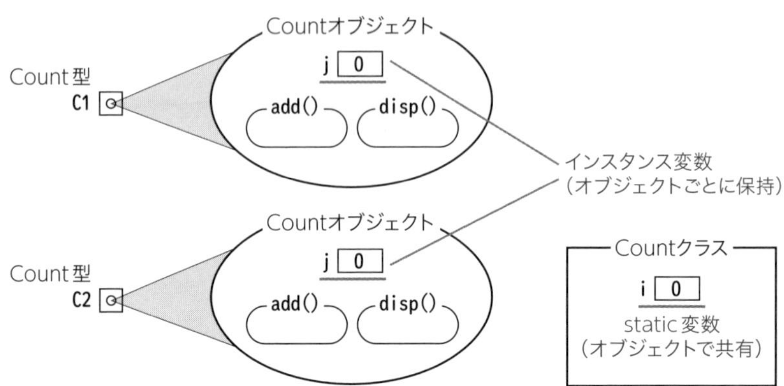

5行目でc1オブジェクト、c2オブジェクトのadd()メソッドを呼び出し、それぞれの変数を1インクリメントしています。インスタンス変数のjは「オブジェクトごと」に保持されているため、それぞれのオブジェクトのjの値が「1」となります。

ただし、static変数であるiは「オブジェクトで共有」しているため、2度のadd()メソッドの呼び出しによって2となります。

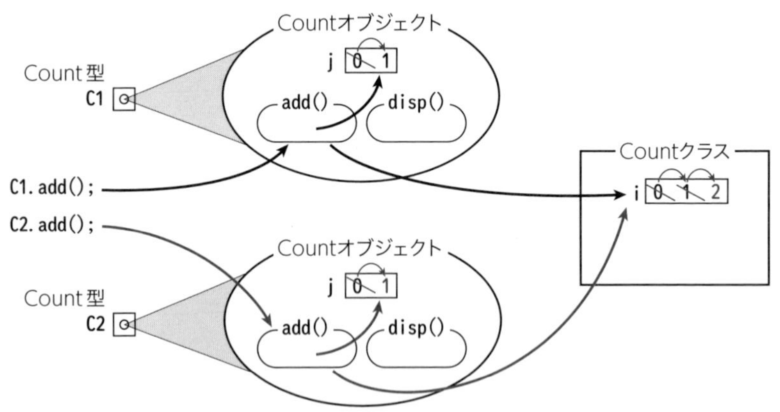

6行目では、それぞれのオブジェクトのdisp()メソッドを呼び出しています。static変数iの値は「2」となり、インスタンス変数jの値はそれぞれのオブジェクトで「1」が保持されています。

したがって、選択肢Cが正解です。

解答 C

問題 6-24

重要度 ★★★

次のコードを確認してください。

```
 1: class Test {
 2:     private static int i;
 3:     private static int j;
 4:
 5:     public static int count() {
 6:         return ++i;
 7:     }
 8:     public int method1() {
 9:         return count();
10:     }
11:     public static void main(String args[]) {
12:         Test test = new Test();
13:         System.out.println(test.method1());
14:         System.out.println(test.count());
15:     }
16: }
```

このコードをコンパイル、および実行すると、どのような結果になりますか。1つ選択してください。

A. 0
1

B. 1
2

C. 2
3

D. 例外がスローされ、何も出力されない

E. コンパイルエラーが発生する

static修飾子についての問題です。

インスタンス化した後にstaticメソッドを呼び出すことは可能です。

12行目では、Testクラスをインスタンス化しています。

12行目

```
Test test = new Test();
```

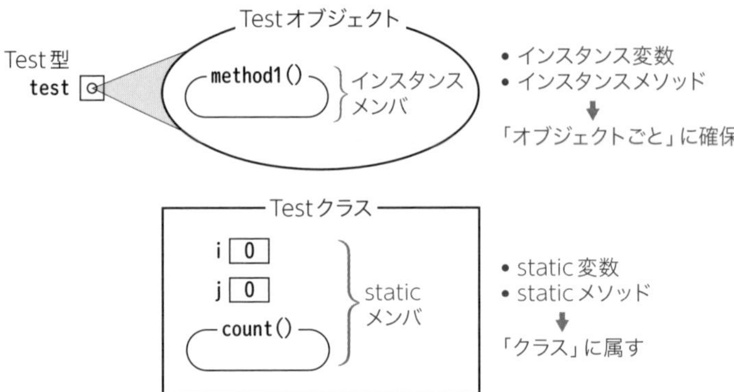

13行目では8行目のmethod1()メソッドを呼び出し、9行目の処理が実行されます。

9行目では、5行目のcount()メソッドを呼び出し、6行目の処理を実行します。このとき変数iがインクリメントされ、1を戻り値として呼び出したメソッドに返し、13行目では「1」が出力されます。

13行目

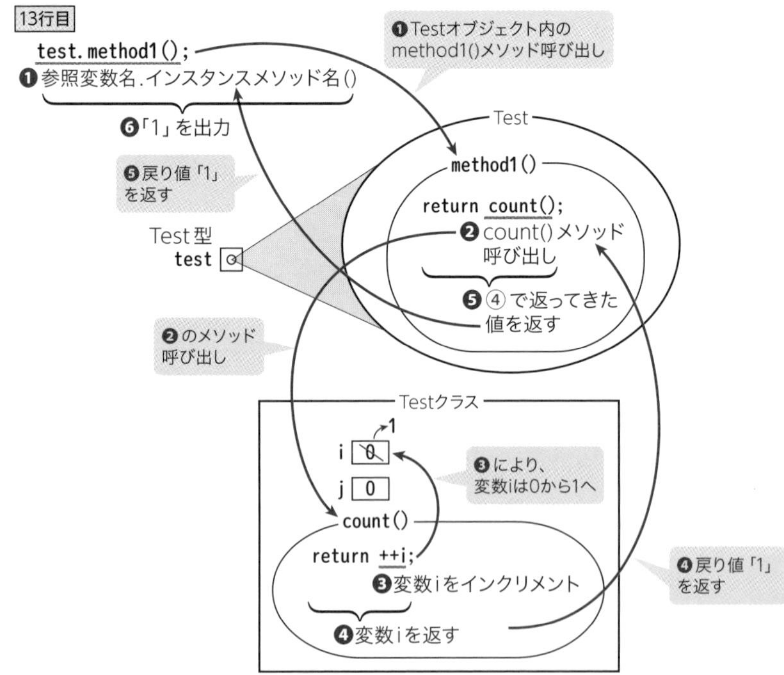

14行目では、5行目のcount()メソッドを呼び出し、変数iをインクリメントして返しますが、変数iの値はすでに1となるためインクリメントの結果、変数iの値は2になります。static変数は、クラスに属するため利用するすべての呼び出し元で共有されます。よって、14行目では「2」が出力されます。

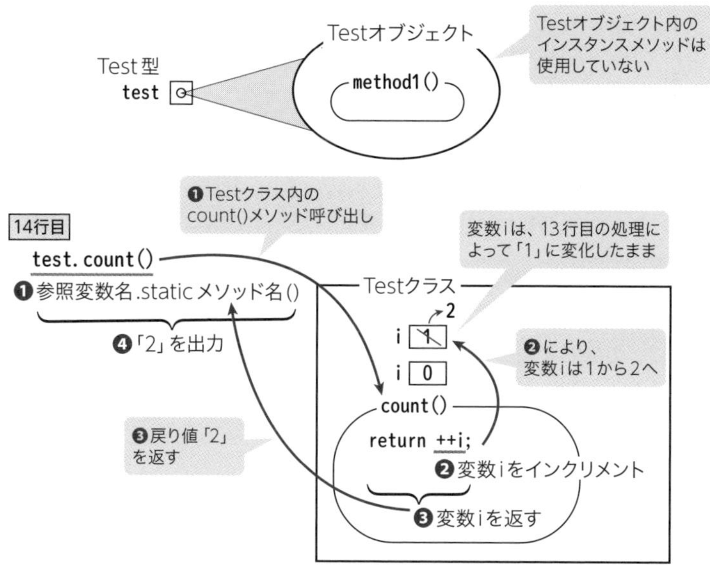

したがって、実行結果は「1」と「2」が出力されるため、選択肢Bが正解です。

解答 B

問題 6-25

重要度 

次のコードを確認してください。

```
 1: class Test {
 2:     public static void main(String[] args) {
 3:         String str1 = "Hello";
 4:         str1 = method1(str1);
 5:         System.out.print(str1);
 6:     }
 7:     /* insert code here */ String method1(String str2) {
 8:         return str2 + "Java";
 9:     }
10: }
```

7行目にどの修飾子を挿入すれば、コンパイル、実行できますか。1つ選択してください。

A. final
B. static
C. private
D. public
E. 修飾子を指定する必要はない

staticメソッドについての問題です。

staticメソッドから、同一クラス内に定義されているメソッドを呼び出す場合は、staticメソッドであればインスタンス化せずに直接呼び出すことが可能です。staticメソッド内から、static修飾子が指定されていないメソッド（**インスタンスメソッド**）を呼び出すことはできません。

したがって、選択肢Bが正解です。

その他の選択肢の場合は、7行目のmethod1()メソッドはインスタンスメソッドとして扱われるため、インスタンス化せずに呼び出すことはできません。したがって、不正解です。

解答 B

問題 6-26

重要度 ★★★

次のコードを確認してください。

```
1:  class Employee {
2:      int empNo;
3:      static int totalNumOfEmp = 500;
4:
5:      public static void baseSalary(double time, int no) {
6:          empNo = no;
7:          System.out.println("empNo : " + no);
8:          System.out.println("salary : " + 1500 * time + "yen");
9:      }
10: }
11: public class UseEmployee {
12:     public static void main(String args[]) {
13:         System.out.println(Employee.totalNumOfEmp + "people");
14:         Employee.baseSalary(130.5, 10);
15:     }
16: }
```

このコードをコンパイル、および実行すると、どのような結果になりますか。1つ選択してください。

A. 500people
salary : 195750yen

B. 500people
empNo : 10
salary : 195750yen

C. 500people

D. 実行時に例外がスローされる

E. コンパイルエラーが発生する

static修飾子についての問題です。

クラス内に定義したstaticメンバから、クラス内で定義したインスタンスメンバに直接アクセスすることはできません。

5行目のbaseSalary()メソッドでは、6行目から2行目のインスタンス変数empNoに直接アクセスしているため、コンパイルエラーが発生します。

コンパイルエラーを回避するには、Employeeクラスをインスタンス化してからインスタンス変数empNoへアクセスするようにコードを変更する、もしくはインスタンス変数empNoをstatic変数に変更する必要があります。

したがって、選択肢Eが正解です。

解答 E

アクセスキー **1** (数字のいち)

7章

継承とポリモフィズム

本章のポイント

▶ **サブクラスの定義と使用**
オブジェクト指向の概念である継承について理解します。スーパークラスとサブクラスの関係、サブクラスの定義方法を理解します。

重要キーワード
継承、is-a関係、kind-of関係、スーパークラス、サブクラス、extends、単一継承

▶ **メソッドのオーバーライド**
スーパークラスで定義しているメソッドをサブクラスで再定義するオーバーライドについて理解します。オーバーライドの定義方法や呼び出されるメソッドについて理解します。

▶ **抽象クラスやインタフェースの定義と実装**
抽象メソッドを定義することができる、抽象クラスとインタフェースについて理解します。抽象クラスとインタフェースの共通点や異なる点を理解します。

重要キーワード
抽象メソッド、abstract、interface、implements

▶ **ポリモフィズムを使用するコードの作成**
同じ操作の呼び出しで、呼び出されたオブジェクトごとに異なる適切な動作を行うポリモフィズムについて理解します。ポリモフィズムを実現するための方法や目的を理解します。

重要キーワード
参照型の型変換

▶ **スーパークラスのコンストラクタまたはオーバーロードされたコンストラクタの参照型の型変換**
サブクラスのオブジェクトを生成する際にサブクラスのコンストラクタから呼ばれるスーパークラスのコンストラクタについて理解します。ポリモフィズムを実現するための参照型の型変換についても理解します。

重要キーワード
super()

▶ **パッケージ宣言とインポート**
クラスファイルをグループ化するパッケージについて理解します。パッケージにクラスを含める方法や、パッケージ化されたクラスを利用する方法について理解します。

重要キーワード
package、import

問題 **7-1** 重要度 ★★★

継承の説明として、適切なものはどれですか。1つ選択してください。

A. サブクラスでは、スーパークラス内のすべてのメソッドをオーバーライドする必要がある
B. 継承を行うと、クラス内の変数へのアクセスは、同一クラス内に定義されているメソッドに限定される
C. サブクラスはスーパークラスの変数とメソッドを継承する
D. Javaでは、スーパークラスの多重継承が許される

継承についての問題です。

継承とは、あるクラスの変数やメソッドを引き継いで、より具体的な新しいクラスを作成すること、および、これらクラス間の関係を表します。元となるクラスを**スーパークラス**、スーパークラスをもとに新しく作られるクラスのことを**サブクラス**と呼びます。

サブクラスではスーパークラスの変数とメソッドを引き継ぎ、サブクラスに必要な変数やメソッドを差分定義することで、クラス間の重複した定義を除いた新しいクラスを作成することができます。プログラムで継承を表現するには**extendsキーワード**を使います。

継承関係は**is-a関係**もしくは**kind-of関係**とも呼ばれます。これは、サブクラスはスーパークラスのイメージも引き継ぐということで、たとえばスーパークラスが「車」クラス、サブクラスが「パトカー」や「タクシー」クラスとした場合に『「パトカー」は「車」です。』(is-a関係)や、『「タクシー」は「車」の一種です。』(kind-of関係)という状態を表しています。

また、Javaでは**単一継承**のみサポートしています。単一継承では「複数のスーパークラスを同時に継承すること(多重継承)」を禁止します。

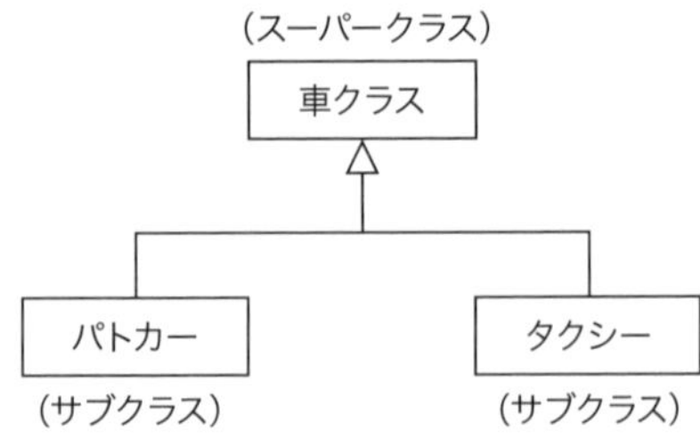

各選択肢の解説は、以下のとおりです。

選択肢A

すべてのメソッドを必ずオーバーライドしなければいけないという制約はありません。ただし、抽象メソッドに関しては、サブクラスにおいてオーバーライドすることが義務付けられます。したがって、不正解です。

選択肢B

クラス内の変数へのアクセスは、必ずしも同一クラス内に定義されているメソッドのみとは限りません。スーパークラスで宣言した変数をprotected修飾子で修飾した場合には、サブクラスからも直接アクセスすることが可能です。したがって、不正解です。

選択肢C

サブクラスを定義するとスーパークラスの変数とメソッドを継承して、差分コーディングのみで新しいクラスを定義することができます。したがって、正解です。

選択肢D

Javaでは多重継承はサポートされていません。類似する仕組みとしてはインタフェースを多重実装することは可能ですが、クラスの継承は単一継承のみサポートしています。したがって、不正解です。

解答 C

7-2

重要度 ★★★

次のコードを確認してください。

```
class Parent {
    static String message;
    public void disp() {
        System.out.println("Parent : " + message);
    }
}
class Child extends Parent {
    public static void disp() {
        System.out.println("Child : " + message);
    }
}
public class Sample {
    public static void main(String[] args) {
        Parent parent = new Parent();
        Child child = new Child();

        parent.message = "message A";
        child.message = "message B";

        parent.disp();
        child.disp();
    }
}
```

このコードをコンパイル、および実行すると、どのような結果になりますか。1つ選択してください。

A. Parent : message A
   Parent : message A

B. Child : message B
   Child : message B

C. Parent : message A
   Child : message B

D. コンパイルエラーが発生する

E. 実行時エラーが発生する

 **オーバーライド**についての問題です。

オーバーライドとは、スーパークラスで定義されたメソッドをサブクラスで再定義することです。スーパークラスのメソッドをサブクラス側で上書き（オーバーライド）し、サブクラス用にカスタマイズ（再定義）するイメージです。オーバーライドは、以下の条件を満たす必要があります。

- メソッド名が同じ
- 引数の数、データ型が同じ
- 戻り値の型が同じか、サブクラス型
- アクセス修飾子が同じか、公開範囲が広いもの

コンパイルすると、8行目でコンパイルエラーが発生します。コンパイルエラーの原因は、Childクラスが8行目でParentクラスのdisp()メソッドをオーバーライドする際にstatic修飾子を指定しているためです。サブクラスでオーバーライドするメソッドにstatic修飾子を指定することはできません。

したがって、選択肢Dが正解です。

解答 D

問題 7-3

重要度 ★★★

次のコードを確認してください。

```
class Employee {
    String name;
    public void func() {
        System.out.println("func");
    }
    public void disp() {
        System.out.println(name);
    }
}
class Sales extends Employee {
    public void disp() {
        System.out.println(name);
    }
}
class Test {
    public static void main(String[] args) {
        Employee emp = new Employee();
        Sales sal = new Sales();

        emp.name = "Java";
        sal.name = "Duke";

        sal.func();
        sal.disp();
    }
}
```

このコードをコンパイル、および実行すると、どのような結果になりますか。1つ選択してください。

A. func
   Duke
B. func
   Java
C. 実行時エラーが発生する
D. コンパイルエラーが発生する

オーバーライドについての問題です。

17〜18行目でスーパークラス、サブクラスのオブジェクトを生成し、20〜21行目それぞれのオブジェクトに対して変数nameの値を設定しています。

23行目でfunc()メソッドを呼び出していますが、サブクラスにはスーパークラスのメソッドが継承されるため、3行目で定義されているfunc()メソッドが呼び出されます。

24行目では、disp()メソッドの呼び出しを行っています。disp()メソッドは11行目でSalesサブクラスでオーバーライドしています。つまり、11行目のメソッドが優先的に呼び出され「Duke」が出力されます。

したがって、選択肢Aが正解です。

A

問題 7-4

重要度 ★★★

次のコードを確認してください。

```
class Employee {
    int num;
    private String name;
    protected int age;

    Employee(String name, int num) {
        this.name = name;
        this.num = num;
    }

    public void disp() {
        System.out.println(name);
        System.out.println(num);
    }
}
class Engineer extends Employee {
    // class body
}
```

Engineerクラスから Employeeクラスに対して直接アクセス可能なメンバはどれですか。3つ選択してください。

A. disp()メソッド
B. 変数num
C. 変数age
D. 変数name

アクセス修飾子についての問題です。

変数やメソッドに指定する修飾子の意味は以下のとおりです。

|表| **アクセス修飾子**

修飾子	意味
public	パッケージを問わず、どの外部クラスからでも直接アクセスが可能
protected	同一パッケージの外部クラス、または継承したサブクラスからであればアクセスが可能
修飾子なし	同一パッケージの外部クラスからであればアクセスが可能
private	外部クラスからのアクセスはできず、同一クラス内のメソッドからのみアクセスが可能

各選択肢の解説は、以下のとおりです。

選択肢A

11行目のdisp()メソッドにpublic修飾子が指定されています。public修飾子は、「どのクラスからでも直接アクセスが可能」です。したがって、正解です。

選択肢B

2行目の変数numには修飾子が指定されていません。修飾子が指定されていない場合には、「同一パッケージ内からアクセスが可能」です。EmployeeクラスとEngineerクラスは1つのソースファイルにまとめられているため、同一パッケージに属します。したがって、正解です。

選択肢C

4行目の変数ageにprotected修飾子が指定されています。protected修飾子は、「同一パッケージ内か、継承したサブクラスからアクセスが可能」です。したがって、正解です。

選択肢D

3行目の変数nameにprivate修飾子が指定されています。private修飾子は、「同一クラス内からアクセスが可能」です。継承関係があるクラスであっても直接アクセスできません。したがって、不正解です。

解答 A、B、C

問題 7-5

重要度 ★★★

次のコードを確認してください。

```
 1:  class Test {
 2:      void method1() { }
 3:      void method2(String str) { }
 4:      int method3(int i, double d) { return 0; }
 5:      int method4(int i) { return 0; }
 6:  }
 7:  class ExTest extends Test{
 8:      public void method1() { }
 9:      public int method2(String str) { }
10:      public int method3(double d, int i) { return 1; }
11:      public int method4(int x) { return 1; }
12:  }
```

Testクラスのメソッドを ExTestクラスで適切にオーバーライドしているメソッドはどれですか。2つ選択してください。

A. method1()メソッド
B. method2()メソッド
C. method3()メソッド
D. method4()メソッド

オーバーライドについての問題です。

各選択肢の解説は、以下のとおりです。

選択肢A

Testクラスのメソッドと「戻り値の型」「メソッド名」「引数の型と数」が一致しているためオーバーライドとなります。またアクセス修飾子についても、オーバーライド元のメソッドでは省略されているため、オーバーライド側のメソッドには「省略」「protected」「public」の指定が可能です。したがって、正解です。

選択肢B

9行目のオーバーライド側のmethod2()メソッドで「戻り値の型」が異なっているためコンパイルエラーが発生します。したがって、不正解です。

選択肢C

10行目のmethod3()で「引数の順序」が異なるためオーバーライドではなく、

オーバーロードとして認識されます。したがって、不正解です。

選択肢D

適切なオーバーライドです。したがって、正解です。

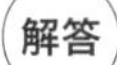 A、D

問題 7-6

重要度 ★★★

次のコードを確認してください。

```
class Test {
    private int price;
    public long func(int quantity) {
        return price * quantity;
    }
}
```

Testクラスに定義されているfunc()メソッドをオーバーライドする場合、適切なものはどれですか。1つ選択してください。

A. オーバーライドを行うメソッドの戻り値の型をlong型にする必要がある

B. オーバーライドを行うメソッドのアクセス修飾子を省略（何も指定しない）にすることができる

C. オーバーライドを行うメソッドの引数の名前をquantityにする必要がある

D. オーバーライドを行うメソッドの戻り値の型をint型またはdouble型にすることができる

E. オーバーライドを行うメソッドの引数リストを変更することができる

 **オーバーライド**についての問題です。

各選択肢の解説は、以下のとおりです。

選択肢A

オーバーライドは、スーパークラスメソッドと「同じ戻り値の型」「同じ名前」「同じ引数の型、数、順序」で定義する必要があります。つまりオーバーライドとして正しい説明です。したがって、正解です。

選択肢B

オーバーライドでは、アクセス修飾子を変更することもできます。ルールとしては「同じ修飾子か、よりアクセス範囲の広い修飾子」を指定しなければなりません。つまり、public修飾子よりもアクセス範囲の広い修飾子は存在しないため、public修飾子のメソッドをオーバーライドする場合は必ずpublic修飾子の指定が必要です。したがって、不正解です。

選択肢C

引数の名前については同じにする必要はありません。したがって、不正解です。

選択肢D

戻り値の型については、同じ戻り値の型で定義が必要です。したがって、不正解です。

選択肢E

引数リスト（型や数、順番）も変更はできません。したがって、不正解です。

解答 A

問題 7-7

重要度 ★★★

サブクラスを定義する際に、スーパークラスの構成要素と同じ名前で宣言できるものはどれですか。1つ選択してください。

A. 変数のみ
B. 変数とメソッドのみ
C. メソッドのみ
D. メソッドとコンストラクタのみ

解説 **サブクラス**についての問題です。

サブクラスを定義する際に、スーパークラスの構成要素と同じ名前で宣言できるのは変数とメソッドです。

変数は、宣言したブロックの中でのみ有効であるため、サブクラスでスーパークラスと同じ名前の変数を宣言できます。

メソッドは、オーバーロード（引数が異なるメソッドを定義）や、オーバーライド（引数、戻り値のデータ型が同じ）が可能なため、同じ名前のメソッドを宣言できます。

コンストラクタは宣言するクラスのクラス名と同一の名前にする必要があるため、サブクラスでスーパークラスと同じ名前のコンストラクタを宣言することはできません。

したがって、選択肢Bが正解です。

解答 B

問題 7-8

重要度 ★★★

次のコードを確認してください。

```
interface Calc { }
interface Camera { }
class Phone { }
```

MobilePhoneクラスの定義として正しいものはどれですか。1つ選択してください。

A. `public class MobilePhone extends Phone implements Calc, Camera { }`

B. `public class MobilePhone implements Phone extends Calc, Camera { }`

C. `public class MobilePhone extends Calc, Camera implements Phone { }`

D. `public class MobilePhone implements Calc, Camera extends Phone { }`

クラスの継承とインタフェースの実装についての問題です。

クラスの継承を行う場合は、**extendsキーワード**を使用します。Javaでは単一継承のみサポートしています。

extendsキーワードの構文は以下のとおりです。

構文

```
class クラス名 extends スーパークラス名 {}
```

インタフェースの実装を行う場合は、**implementsキーワード**を使用します。

クラスは複数のインタフェースを実装することができます。

implementsキーワードの構文は、以下のとおりです。

構文

```
class クラス名 implements インタフェース名, インタフェース名,...  {}
```

クラスの継承とインタフェースの複数実装を行うための構文は、以下のとおりです。

構文

```
class クラス名 extends スーパークラス名 implements インタフェース名, インタ
フェース名,... {}
```

上記の構文に沿ったコードは、以下のとおりです。

public class MobilePhone extends Phone implements Calc, Camera { }

MobilePhone：サブクラス名　extends：継承　Phone：スーパークラス名　implements：実装　Calc：インタフェース名　Camera：インタフェース名

したがって、選択肢Aが正解です。

その他の選択肢の解説は、以下のとおりです。

選択肢B

implementsキーワードがextendsキーワードより先に定義されているため、コンパイルエラーが発生します。したがって、不正解です。

選択肢C

2つのインタフェースをextendsキーワードを使用して継承しようとしていますが、Javaは単一継承のみサポートしているため、コンパイルエラーが発生します。また、Phoneクラスはインタフェースではないため、implementsキーワードを使用して実装することはできません。したがって、不正解です。

選択肢D

クラスをimplementsキーワードで実装しようとしていますが、クラスの継承はextendsキーワードを使用する必要があります。したがって、不正解です。

解答 A

問題 7-9

重要度 ★★★

次のコードを確認してください。

```
1:  interface App {
2:      // insert code here
3:  }
```

2行目にどのコードを挿入するとコンパイルと実行が成功しますか。2つ選択してください。

A. `String name;`
B. `public static void setData(String name);`
C. `public String getName();`
D. `void addName(String name);`
E. `private void setNo(int no);`

解説 **インタフェース**についての問題です。

インタフェースに定義できるものは、以下のとおりです。

- 定数（public static final修飾子）
- 抽象メソッド（public abstract修飾子）
- defaultメソッド（Java SE 8で導入）
- staticメソッド（Java SE 8で導入）

インタフェースに変数を宣言するとpublic static final修飾子、メソッドを定義するとpublic abstract修飾子が暗黙的に指定されます。

各選択肢の解説は、以下のとおりです。

選択肢A

変数を宣言しているため、暗黙的にpublic static final修飾子が指定されます。しかしpublic static final修飾子が指定されるということは「定数」として扱われます。つまり、必ず初期化（値を代入）しておかなければならないためコンパイルエラーが発生します。したがって、不正解です。

選択肢B

定義したメソッドにstatic修飾子を指定しているので、Java SE 8から定義可能となったstaticメソッドとして識別されます。しかし、staticメソッドとして定義する場合、処理を定義しなければコンパイルエラーが発生します。したがって、不正解です。

選択肢C

public修飾子を指定しメソッドを定義しています。abstract修飾子が暗黙的に指定された場合も抽象メソッドとして正しい定義のため問題ありません。したがって、正解です。

選択肢D

修飾子を指定していませんが、暗黙的にpublic abstract修飾子が指定されるため問題ありません。したがって、正解です。

選択肢E

private修飾子を指定しメソッド定義を行っています。インタフェースのメソッドはpublicメソッドが条件のためコンパイルエラーが発生します。したがって、不正解です。

解答 C、D

問題 7-10

重要度 ★★★

次のコードを確認してください。

```
1:  interface Player {
2:      void play();
3:  }
4:  // insert code here
5:      public void play() {
6:          System.out.println("Play CD");
7:      }
8:  }
```

4行目にどのコードを挿入すれば、コンパイルが成功しますか。1つ選択してください。

A. `class CDPlayer implements play() {`
B. `class CDPlayer extends play() {`
C. `class CDPlayer extends Player {`
D. `class CDPlayer implements Player {`

インタフェースについての問題です。

1行目では、Playerインタフェースが定義されています。

4行目ではクラスの定義部分にあたる行が設問になっているため、インタフェースの実装を表すコードが必要になります。インタフェースの実装は、implementsキーワードを使用します。

各選択肢の解説は、以下のとおりです。

選択肢A

implementsキーワードを指定していますが、インタフェース名を指定する場所にメソッド名が指定されているため、不正解です。

選択肢B、C

extendsはクラスの継承を行うためのキーワードになるため、不正解です。

選択肢D

正しい記述のため、正解です。

解答 D

問題 **7-11**

インタフェースの定義として適切なものはどれですか。2つ選択してください。

A.
```
public interface App {
        public String name = "Bronze";
        abstract void func(String name);
}
```
B.
```
public interface App {
        private String name = "Bronze";
        public void func(String name);
}
```
C.
```
public interface App {
        abstract String name;
        abstract void func(String name);
}
```
D.
```
public interface App {
        public String name = "Bronze";
        void func(String name);
}
```

インタフェースについての問題です。

インタフェースには、次のものを定義できます。修飾子については暗黙的に指定されます。

- 定数（public static final修飾子）　※定数のため、初期化は必須
- メソッド（public abstract修飾子）

また、Java SE 8以降であれば、次のメソッドも定義可能です。

- defaultメソッド
- staticメソッド

各選択肢の解説は、以下のとおりです。

選択肢A、D

変数nameは初期化されており、func()メソッドも抽象メソッドとして正しい定義です。したがって、正解です。

選択肢B

変数nameにprivate修飾子を指定しているためコンパイルエラーが発生します。したがって、不正解です。

選択肢C

変数nameにabstract修飾子を指定していますが、変数にabstract修飾子は指定できません。したがって、不正解です。

解答 A、D

問題 7-12

重要度 

abstract修飾子を指定できるのは、どの構成要素ですか。2つ選択してください。

A. パッケージ
B. コンストラクタ
C. クラス
D. メソッド

解説 abstract修飾子についての問題です。

abstract修飾子は、クラスの修飾子として指定すると**抽象クラス**の定義となり、メソッドの修飾子として指定すると**抽象メソッド**の定義となります。

各選択肢の解説は、以下のとおりです。

選択肢A

パッケージは、abstract宣言できません。したがって、不正解です。

選択肢B

コンストラクタは、abstract宣言できません。したがって、不正解です。

選択肢C

クラスは、abstract宣言することができます。宣言することで抽象クラスの定義となり、サブクラスを定義するためのスーパークラスとして定義できます。したがって、正解です。

選択肢D

メソッドは、abstract宣言することができます。宣言することで抽象メソッドの定義となり、具体的な処理を記述しないメソッドを定義できます。したがって、正解です。

解答 C、D

問題 7-13

重要度 ★★★

次のコードを確認してください。

```
1:  public abstract class Employee {
2:
3:      public Employee(String name) {
4:          disp(name);
5:      }
6:      public void disp(String name) {
7:          System.out.println(name);
8:      }
9:
10:     public static void main(String args[]) {
11:         Employee emp = new Employee("Java");
12:     }
13: }
```

このコードをコンパイル、および実行すると、どのような結果になりますか。1つ選択してください。

A. Hello
B. 1行目でコンパイルエラーが発生する
C. 4行目でコンパイルエラーが発生する
D. 11行目でコンパイルエラーが発生する

解説 **抽象クラス**についての問題です。

abstractキーワードをクラスの修飾子として指定すると、抽象クラスになります。抽象クラス自身はインスタンス化することができません。そのため、abstractクラスをインスタンス化している11行目でコンパイルエラーが発生します。

したがって、選択肢Dが正解です。

解答 D

問題 7-14

重要度 ★★☆

次のコードを確認してください。

```java
class Account {
    void dispBalance() {
        System.out.println("Account Balance");
    }
}
class SavingAccount extends Account {
    void dispBalance() {
        System.out.println("SavingAccount Balance");
    }
}
class FastSavingAccount extends SavingAccount {
    void dispBalance() {
        System.out.println("FastSavingAccount Balance");
    }
}
public class TestAccount {
    public static void main(String[] args) {
        Account acc = new FastSavingAccount();
        SavingAccount sva = acc;
        acc.dispBalance();
    }
}
```

このコードをコンパイル、および実行すると、どのような結果になりますか。1つ選択してください。

A. Account Balance
B. FastSavingAccount Balance
C. SavingAccount Balance
D. 実行時に例外がスローされる
E. コンパイルエラーが発生する

参照型の型変換についての問題です。

参照型の型にも基本データ型と同様、暗黙的な型変換と明示的なキャストがあります。

暗黙的な型変換が行われる場合は、以下のとおりです。

- スーパークラス型の変数＝サブクラス型の参照；
- インタフェース型の変数＝インタフェース実装クラス型の参照；

明示的なキャストが必要な場合は、以下のとおりです。

- スーパークラス型に変換されたオブジェクトを、元のクラス型の変数に代入する場合
- インタフェース型に変換されたオブジェクトを、元のクラス型の変数に代入する場合

Accountクラス、SavingAccountクラス、FastSavingAccountクラスの関係は、以下のようになっています。

- FastSavingAccountクラスのスーパークラスはSavingAccountクラス
- SavingAccountクラスのスーパークラスはAccountクラス

この設問における暗黙的な型変換と明示的なキャストの関係は、以下のとおりです。

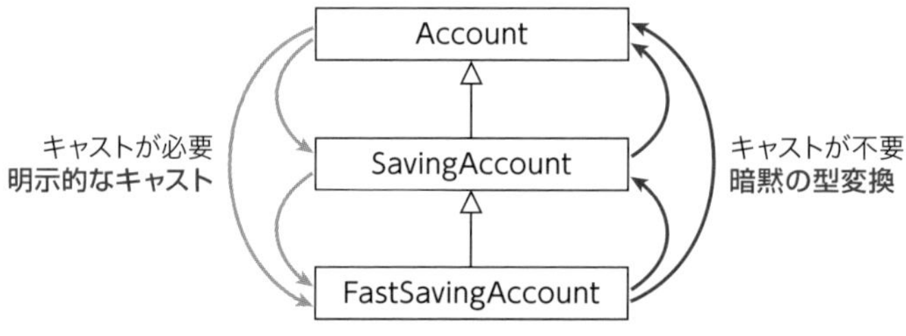


```
// FastSavingAccount型からAccount型への暗黙的な型変換
Account acc = new FastSavingAccount();

// Account型からFastSavingAccount型への明示的なキャスト
FastSavingAccount fsa = (FastSavingAccount)acc;

// Account型からSavingAccount型への明示的なキャスト
SavingAccount sva = (SavingAccount)acc;
```

19行目では、Accountスーパークラス型に変換された参照情報を、サブクラスであるSavingAccount型の変数に代入しています。この場合、SavingAccount型への明示的なキャストが必要となるため、19行目でコンパイルエラーが発生します。

19行目でコンパイルエラーが発生しないようにするにはキャスト演算子を定義し、以下のように記述します。

```
SavingAccount sva = (SavingAccount)acc;
```

したがって、選択肢Eが正解です。

解答 E

問題 7-15

重要度 

次のコードを確認してください。

```
 1: class Account {
 2:     void dispBalance() {}
 3: }
 4: class SavingAccount extends Account {
 5:     void dispBalance() {}
 6: }
 7: class BasicAccount extends Account {
 8:     void dispBalance() {}
 9: }
10: public class TestAccount {
11:     public static void main(String[] args) {
12:         // insert code here
13:         acc.dispBalance();
14:     }
15: }
```

TestAccountクラスでポリモフィズムの概念に沿ってdispBalance()メソッドを呼び出すために、12行目に挿入するコードとして適切なものはどれですか。2つ選択してください（2つのうち、いずれか1つを挿入すれば、設問の条件を満たします）。

A. `Account acc = new BasicAccount();`
B. `Account acc = new SavingAccount();`
C. `BasicAccount acc = new Account();`
D. `SavingAccount acc = new Account();`

ポリモフィズムについての問題です。

設問のクラスの関係は、以下のとおりです。

- SavingAccountクラスのスーパークラスはAccountクラス
- BasicAccountクラスのスーパークラスはAccountクラス

各選択肢の解説は、以下のとおりです。

選択肢A、B

スーパークラスの参照変数を利用してサブクラスをインスタンス化しています。その結果、サブクラスの種類にかかわらず、同じ呼び出し方でdispBalance()メソッドを呼び出すことができます。

このように同じ呼び出し方でそれぞれのサブクラスごとに異なる処理を実行することが、ポリモフィズムの考え方です。したがって、正解です。

選択肢Aのイメージ図は、以下のとおりです。

12行目に選択肢Aを挿入

```
Account acc = new BasicAccount();
```

スーパークラス型　サブクラス型

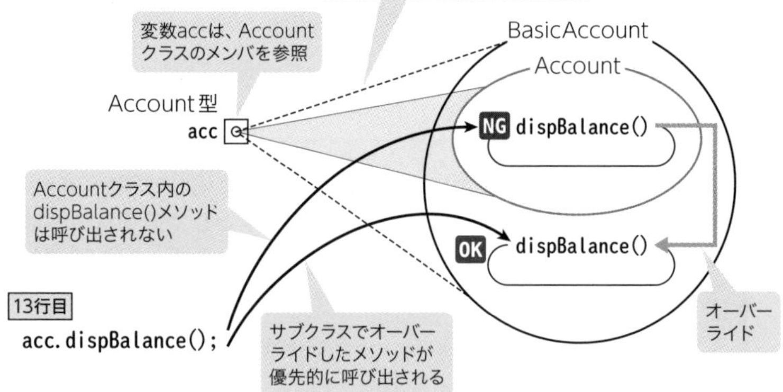

選択肢Bのイメージ図は、以下のとおりです。

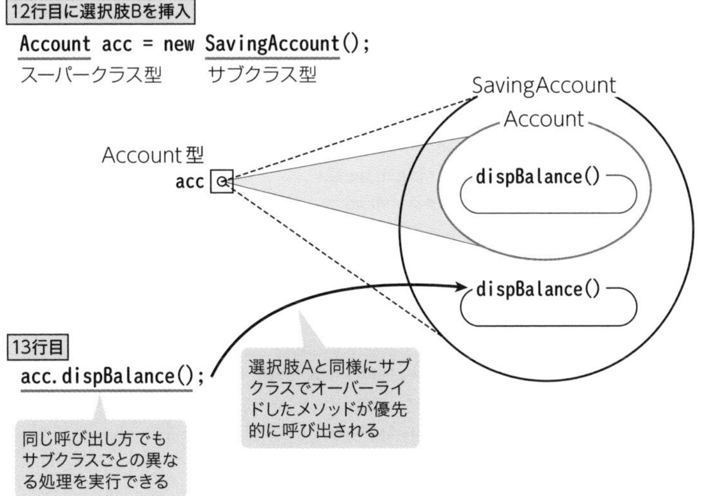

選択肢C、D

スーパークラスの参照情報をサブクラス型の変数に代入していますが、暗黙的な型変換が適用されないため代入できません。コンパイルエラーが発生します。したがって、不正解です。

解答 A、B

問題 7-16

重要度 ★★★

次のコードを確認してください。

```
class Engineer {
    String name;
    Engineer(String name) {
        this.name = name;
    }
    public void print() {
        System.out.println(name);
    }
}
class Programmer extends Engineer {
    private String lang;
    Programmer(String name, String lang) {
        super(name);
        this.lang = lang;
    }
    public void print() {
        System.out.println(name + " : " + lang);
    }
}
public class Test {
    public static void main(String[] args) {
        Engineer eng1, eng2;
        eng1 = new Engineer("Sato");
        eng2 = new Programmer("Suzuki", "Java");
        eng1.print();
        eng2.print();
    }
}
```

このコードをコンパイル、および実行すると、どのような結果になりますか。1つ選択してください。

A. Suzuki
   Suzuki

B. Sato
   Suzuki : Java

C. Suzuki : Java
   Suzuki : Java

D. コンパイルエラーが発生する

ポリモフィズムについての問題です。

ポリモフィズムとは、同じ操作の呼び出しで、呼び出されたオブジェクトごとに異なる適切な動作をしてくれることを表します。この状態をプログラムで実現するために、継承関係やインタフェースの実装関係が必要です。

22行目では、Engineer型の変数eng1、変数eng2を宣言しています。

22行目

```
Engineer eng1, eng2;
```

Engineer型
eng1
Engineer型
eng2

まだオブジェクトは
生成されていない

23行目では、Engineerオブジェクトを生成し、参照情報をEngineer型の変数eng1へ代入しています。

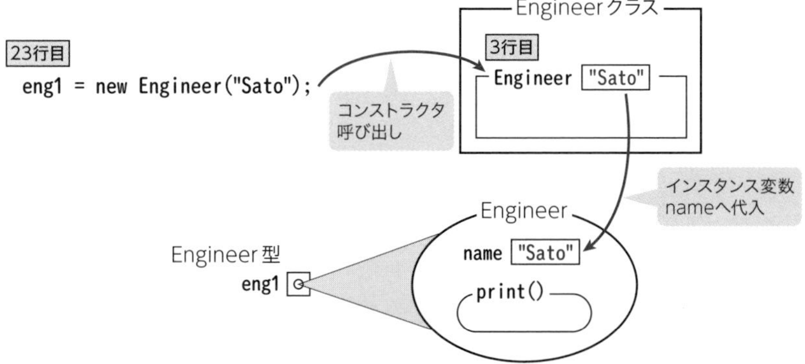

24行目では、Programmerオブジェクトを生成し、参照情報をEngineer型の変数eng2へ代入しています。サブクラスの参照情報がスーパークラス型の変数に代入されているため、暗黙的な型変換が行われます。

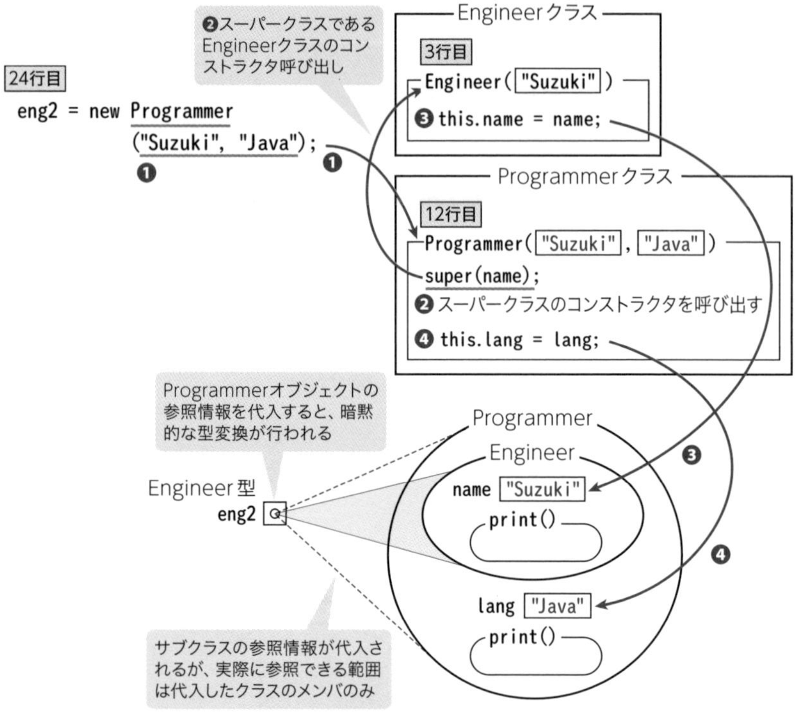
24行目
eng2 = new Programmer
("Suzuki", "Java");
❶
❷スーパークラスであるEngineerクラスのコンストラクタ呼び出し
Engineerクラス
3行目
Engineer("Suzuki")
❸ this.name = name;
Programmerクラス
12行目
Programmer("Suzuki", "Java")
super(name);
❷ スーパークラスのコンストラクタを呼び出す
❹ this.lang = lang;
Programmerオブジェクトの参照情報を代入すると、暗黙的な型変換が行われる
Engineer型
eng2
Programmer
Engineer
name "Suzuki"
print()
lang "Java"
print()
❸
❹
サブクラスの参照情報が代入されるが、実際に参照できる範囲は代入したクラスのメンバのみ

25行目では、変数eng1を使用してprint()メソッドを呼び出しています。呼び出されるのは、6行目のprint()メソッドとなるため、「Sato」が出力されます。

Engineer型
eng1
Engineer
name "Sato"
print()
25行目
eng1.print();

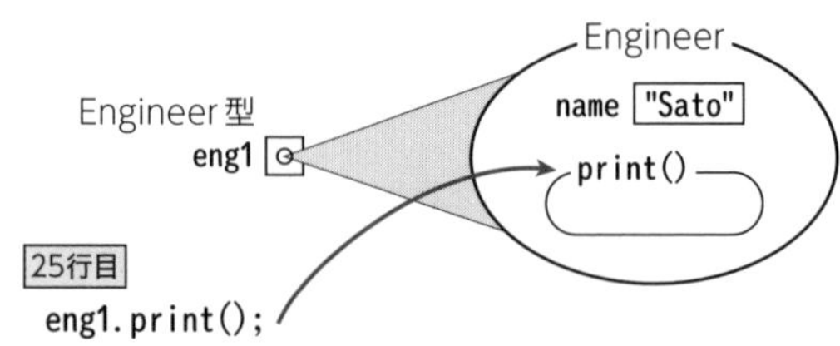

26行目では、変数eng2を使用してprint()メソッドの呼び出しを行っています。この場合、サブクラスでオーバーライドしているメソッドが優先的に呼び出されるため、16行目のprint()メソッドが呼び出され、「Suzuki : Java」が出力されます。

したがって、選択肢Bが正解です。

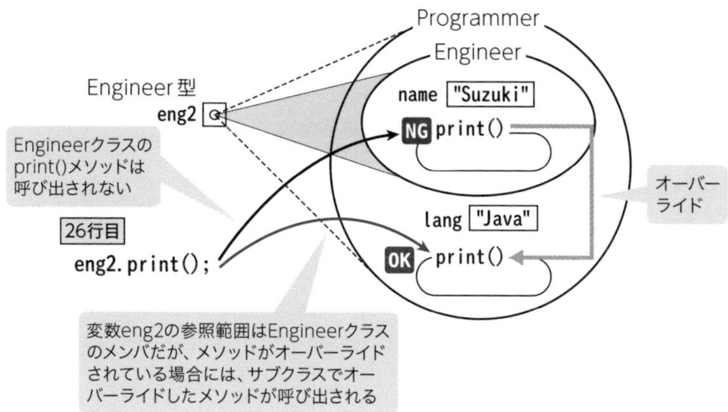

解答 B

問題 7-17

重要度 ★★★

次のコードを確認してください。

```
 1: interface Inter {
 2:     void disp();
 3: }
 4: class Test1 implements Inter {
 5:     public void disp() {
 6:         System.out.print("Hello");
 7:     }
 8: }
 9: class Test2 extends Test1 {
10:     public void disp() {
11:         System.out.print("Java");
12:     }
13: }
14: public class Test3 {
15:     public static void main(String[] args) {
16:         Inter obj1;
17:         Test1 obj2 = new Test1();
18:         Test2 obj3 = new Test2();
19:         obj1 = obj3;
20:         obj1.disp();
21:     }
22: }
```

このコードをコンパイル、および実行すると、どのような結果になりますか。1つ選択してください。

A. Java
B. Hello
C. 19行目でコンパイルエラーが発生する
D. 20行目でコンパイルエラーが発生する

ポリモフィズムについての問題です。

クラスの関係は、以下のとおりです。

- Test1クラスはInterインタフェースを実装している
- Test2クラスはTest1クラスを継承している

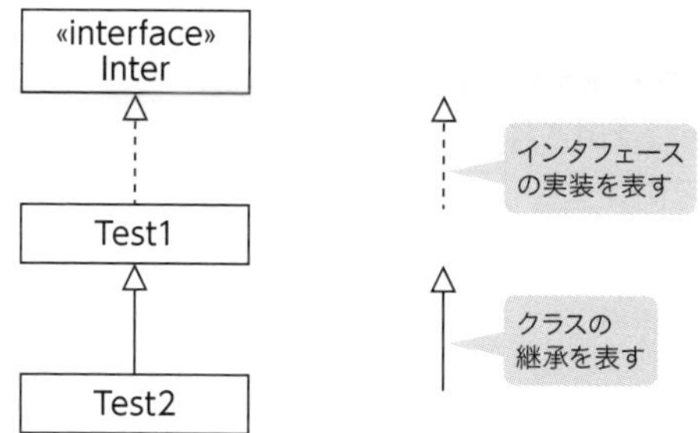

16行目では、Inter型のobj1を宣言しています。

17行目では、Test1オブジェクトの参照情報をTest1型の変数obj2に代入しています。

18行目では、Test1のサブクラスのTest2オブジェクトの参照情報をTest2型の変数obj3に代入しています。

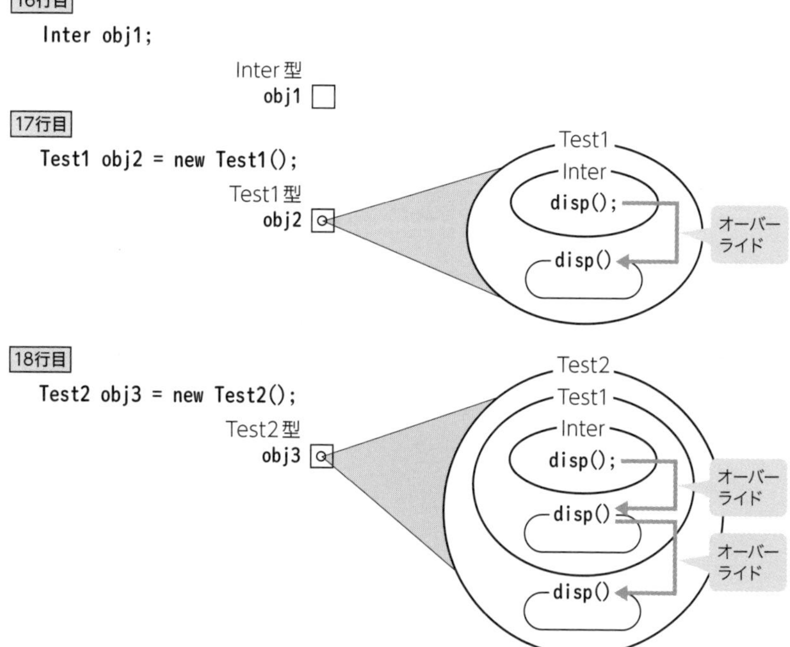

19行目では、Test2オブジェクトの参照情報である変数obj3を、Inter型の変数obj1に代入しています。Test2クラスは、Interインタフェースを実装しているため、コンパイルエラーは発生しません。

20行目では、Inter型の変数obj1を使用してdisp()メソッドを呼び出しています。変数obj1はTest2クラスのオブジェクトを参照しているため、サブクラスでオーバーライドしているメソッドが呼び出されます。そのため、10行目のdisp()メソッドが呼び出され「Java」が出力されます。

したがって、選択肢Aが正解です。

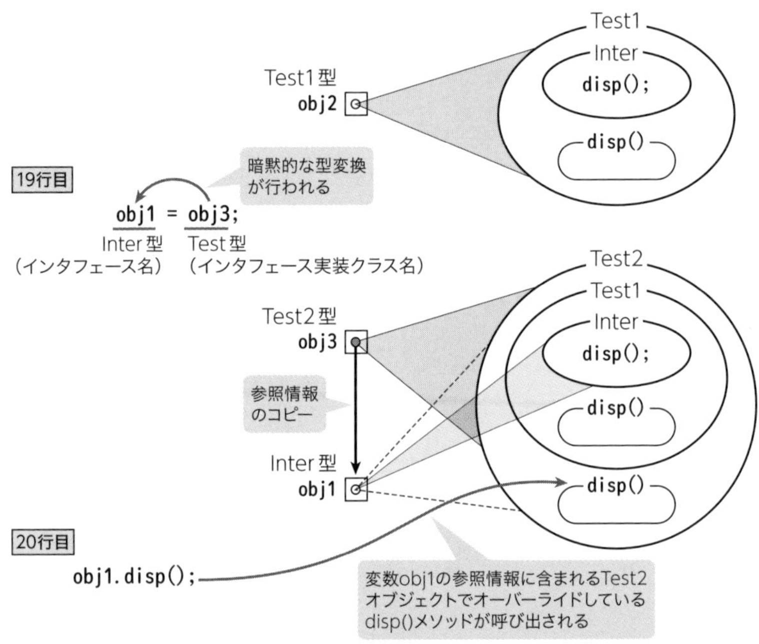

解答 A

問題 7-18

重要度 ★★★

次のコードを確認してください。

```
 1: class Animal {
 2:     public String toString() {
 3:         return "Animal ";
 4:     }
 5: }
 6: class Cat extends Animal {
 7:     public String toString() {
 8:         return "Cat ";
 9:     }
10: }
11: public class TestAnimal {
12:     public static void main(String[] args) {
13:         Animal anm = new Animal();
14:         System.out.print(anm.toString());
15:         Cat cat = new Cat();
16:         System.out.print(cat.toString());
17:         Object obj = anm;
18:         System.out.print(obj.toString());
19:         obj = cat;
20:         System.out.print(obj.toString());
21:     }
22: }
```

このコードをコンパイル、および実行すると、どのような結果になりますか。1つ選択してください。

A. Cat Cat Cat Cat
B. Animal Cat Animal Cat
C. Animal Animal Animal Animal
D. Animal Cat Object Object
E. 何も出力されない
F. コンパイルに失敗する

ポリモフィズムについての問題です。

13行目では、Animalクラスをインスタンス化し、14行目でtoString()メソッドを呼び出し、「Animal 」を出力します。

15行目では、Catクラスをインスタンス化し、16行目でtoString()メソッドを呼び出し、「Cat 」を出力します。

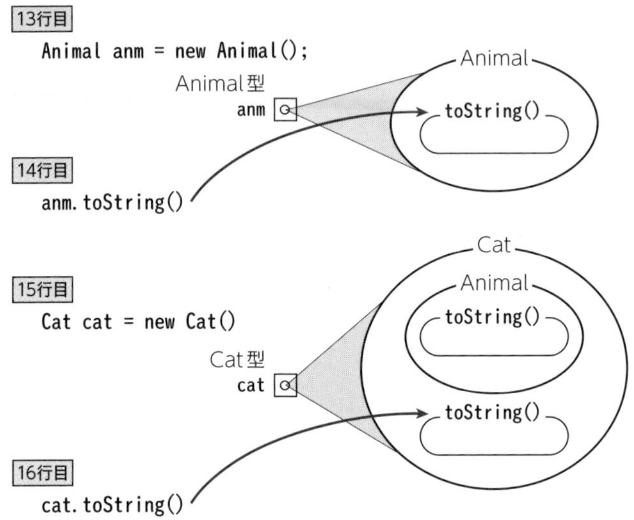

17行目では、変数anmの参照情報を、Object型の変数objへ代入しています。

Objectクラスは、すべてのクラスが暗黙的に継承するクラスです。何も継承していないクラスを自作した場合も、コンパイル時に、暗黙的にextends Objectが追加されます。そのため、すべてのオブジェクトはObject型の変数に代入できます。

また、toString()メソッドはObjectクラスのメソッドです。各クラスでオーバーライドし、クラスごとに任意の文字列を戻り値として設定することができます。

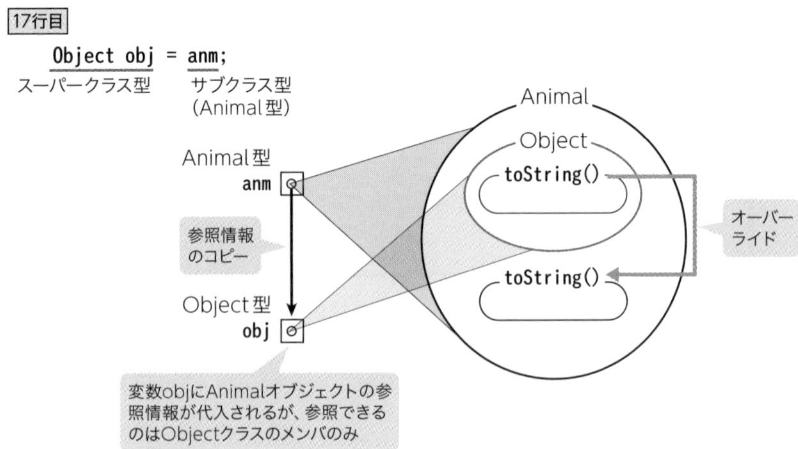

18行目では、変数objを使用してtoString()メソッドを呼び出しています。

Object型の変数に代入した状態でtoString()メソッドを呼び出すと、サブクラスでオーバーライドした2行目のtoString()メソッドが呼び出され、「Animal」が出力されます。

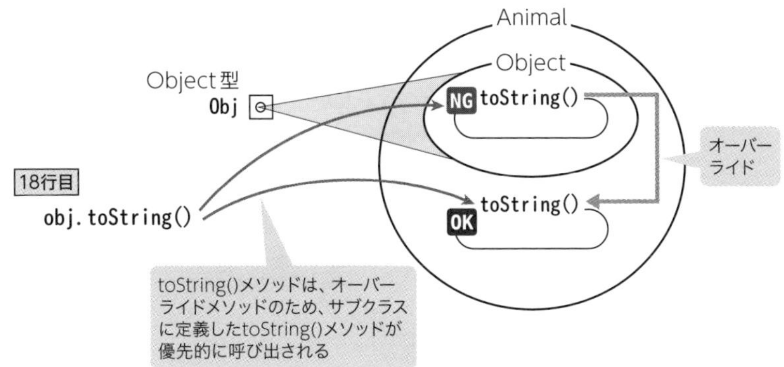

19行目では、変数objの参照情報を変数catの参照情報で上書きしています。

変数objはCatオブジェクトの参照情報を含むオブジェクトのObjectクラスのメンバを参照しますが、toString()メソッドがAnimalクラス、またCatクラスへとオーバーライドされています。

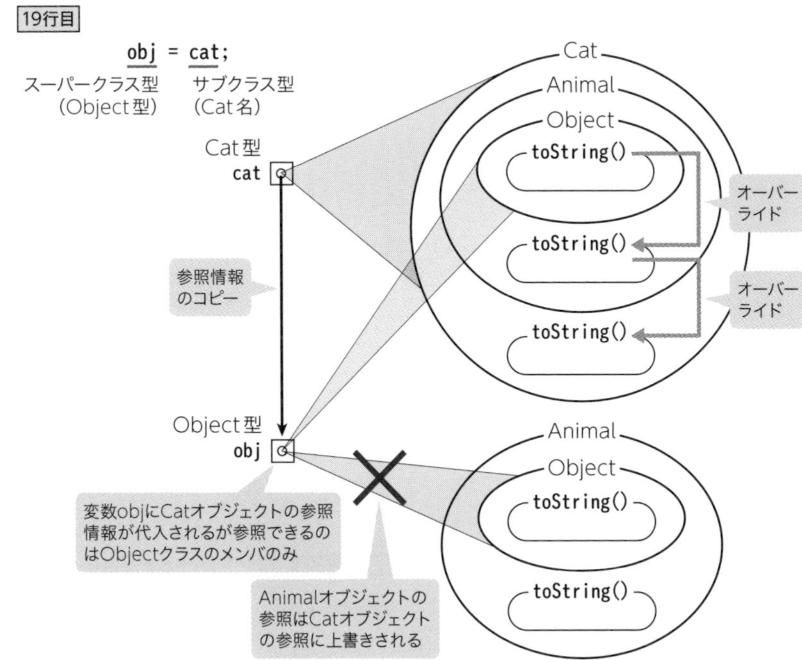

20行目では、変数objを使用してtoString()メソッドを呼び出しています。オーバーライドした7行目のtoString()メソッドが呼び出されるため、「Cat 」が出力されます。

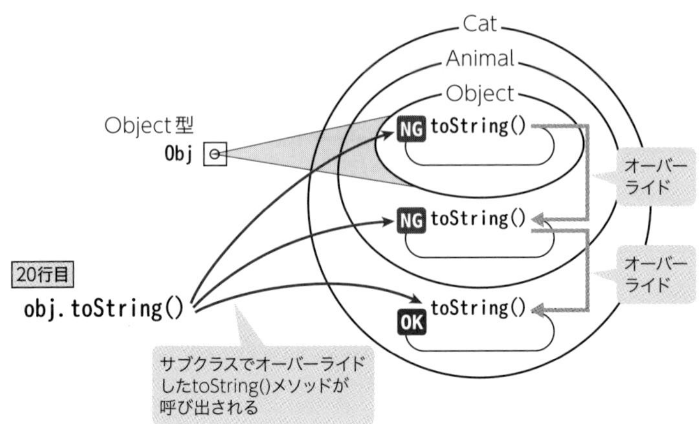

したがって、実行結果は「Animal Cat Animal Cat」の順番で出力されるため、選択肢Bが正解です。

解答 B

問題 7-19

重要度 ★★☆

次のコードを確認してください。

```
 1: class Car {
 2:     public Car() {
 3:         System.out.println("This is a vehicle.");
 4:     }
 5:     public Car(int num) {
 6:         System.out.println("This vehicle carries " + num + "
    people.");
 7:     }
 8: }
 9: class Taxi extends Car {
10:     public Taxi() {
11:         super();
12:         System.out.println("It has a taximeter");
13:     }
14:     public Taxi(int num) {
15:         // insert code here
16:     }
17: }
18: public class TestTaxi {
19:     public static void main(String[] args) {
20:         Car car = new Taxi(5);
21:     }
22: }
```

15行目にどのコードを挿入すれば、「This vehicle carries 5 people.」と出力できますか。1つ選択してください。

A. `this();`

B. `super();`

C. `super(num);`

D. `this();`
`super(num);`

E. `super();`
`super(num);`

F. 何も記述しない

スーパークラスのコンストラクタ呼び出しについての問題です。

サブクラス側で明示的にスーパークラスのコンストラクタを呼び出すためには、**super()**を使用します。super()の引数に応じてスーパークラスの適切なコンストラクタを呼び出します。

また、同じクラス内で複数のコンストラクタがオーバーロードされている場合、**this()**を利用することで同一クラス内に定義されたコンストラクタを呼び出すことができます。

20行目でTaxiクラスをインスタンス化する際に、引数に5を渡しているため14行目に定義しているTaxiクラスのコンストラクタが呼び出されます。

15行目に挿入するコードによって「This vehicle carries 5 people.」と出力される必要があるため、5行目のint型の引数を1つ宣言しているCarクラスのコンストラクタを呼び出す必要があります。CarクラスはTaxiクラスのスーパークラスとなるため、super()で引数を指定します。引数は変数numを使用し、super(num)が適切な呼び出しとなります。

したがって、選択肢Cが正解です。

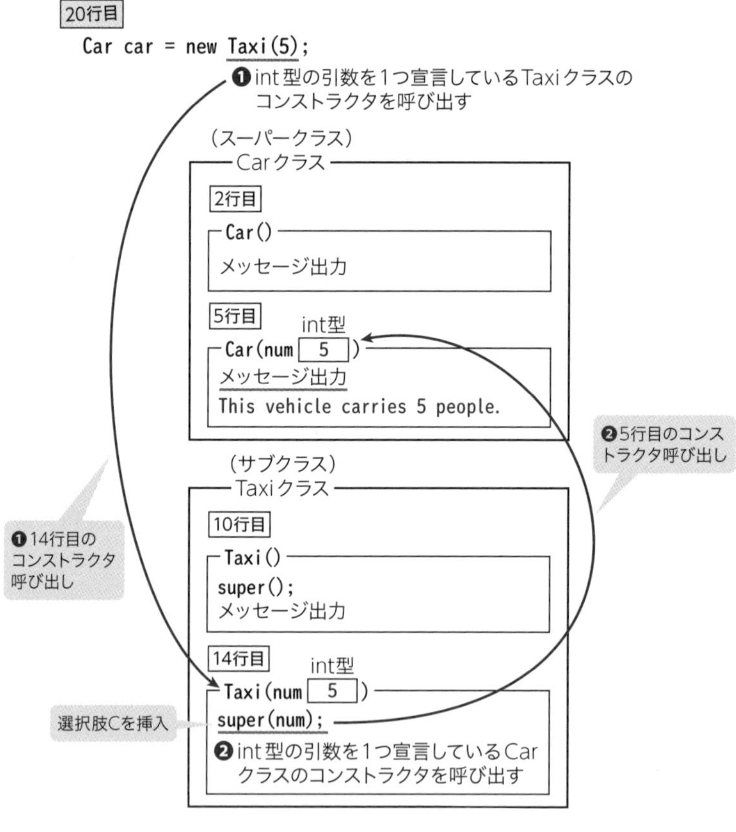

解答 C

問題 7-20

重要度 ★★★

次のコードを確認してください。

```
 1:  class Fruit {
 2:      Fruit() {
 3:          System.out.println("Fruit");
 4:      }
 5:      Fruit(String msg) {
 6:          System.out.println("Fruit with msg");
 7:      }
 8:  }
 9:  public class Apple extends Fruit {
10:      Apple() {
11:          System.out.println("Apple");
12:      }
13:      Apple(String msg) {
14:          System.out.println("Apple with msg");
15:      }
16:      public static void main(String[] args) {
17:          Apple apl = new Apple("for health");
18:      }
19:  }
```

このコードをコンパイル、および実行すると、どのような出力結果になりますか。1つ選択してください。

A. Apple with msg

B. for health
Apple with msg

C. Fruit
Apple with msg

D. Fruit with msg
Apple with msg

スーパークラスのコンストラクタについての問題です。

17行目では、Appleクラスをインスタンス化する際に13行目のコンストラクタを呼び出しますが、サブクラスのコンストラクタ内の処理を実行する前に、スーパークラスのコンストラクタ呼び出しが行われます。サブクラス内に明示的にスーパークラスのコンストラクタ呼び出しがない場合は、スーパークラスの引数なしのコンストラクタが暗黙的に呼び出されます。

スーパークラスのFruitクラスでは、2行目で引数なしのコンストラクタを明示的に定義しているため、サブクラスのコンストラクタ内からは2行目のコンストラクタを呼び出し、3行目で「Fruit」が出力されます。次にサブクラスのコンストラクタ内の処理が実行され、14行目で「Apple with msg」が出力されます。引数の msg は使用していないため、引数で受け取ったメッセージは無視されます。

したがって、実行結果は「Fruit」と「Apple with msg」が出力されるため、選択肢Cが正解です。

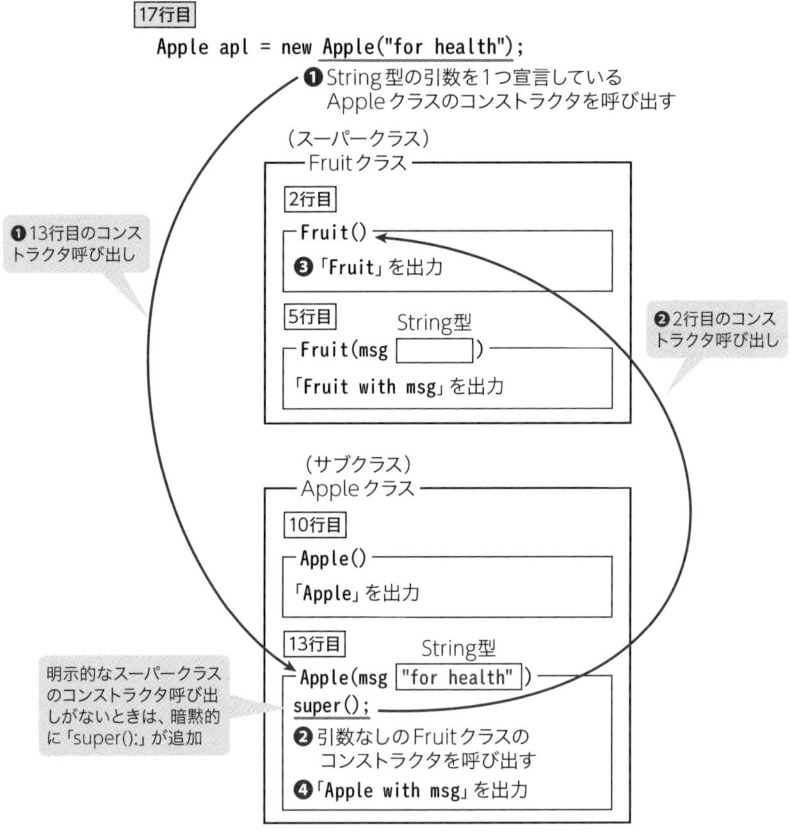

解答 C

問題 7-21

重要度 ★★★

次のコードを確認してください。

```
class Test {
    int i;
    Test() {
        i = 2;
    }
    Test(int i) {
        this.i = i;
    }
}
class ExTest extends Test {
    int j,z;
    public ExTest(int j) {
        this.j = j;
    }
    public ExTest(int j,int z) {
        this(j);
        this.z = z;
    }
    public static void main(String[] args) {
        ExTest ex = new ExTest(4, 6);
        System.out.print(ex.i + " : " + ex.j + " : " + ex.z);
    }
}
```

このコードをコンパイル、および実行すると、どのような結果になりますか。1つ選択してください。

A. 0 : 4 : 6
B. 2 : 4 : 6
C. コンパイルエラーが発生する
D. 実行時エラーが発生する

スーパークラスのコンストラクタ呼び出しについての問題です。

サブクラスのインスタンス化を行うときの初期化処理は、次の順序で行われます。

❶スーパークラスメンバの初期化

❷サブクラスメンバの初期化

つまり、サブクラスのコンストラクタでサブクラスメンバに対して初期化処理を行う「前」に、スーパークラスのコンストラクタを呼び出して、スーパークラスメンバの初期化処理を行う必要があります。

問題のコードでは、20行目でサブクラスのExTestクラスのインスタンス化が行われ、引数2つのコンストラクタ（15行目）が呼び出されます。

15行目の引数2つを受け取るコンストラクタでは、16行目で自クラスの引数1つのコンストラクタを呼び出しています。

ExTestクラスで引数1つのコンストラクタは12行目に定義されています。ただし、13行目では、サブクラスメンバの初期化処理を行う前に、スーパークラスのコンストラクタ呼び出しが定義されていません。このような状況の場合、暗黙的に「引数なしのスーパークラスのコンストラクタ」を呼び出す定義が暗黙的に挿入されます。

暗黙的なスーパークラスコンストラクタ呼び出しを定義したコードは、以下のとおりです。

```
12:  public ExTest(int j) {
             super(); // 暗黙的に挿入されるスーパークラスのコンストラクタ呼び出し
13:          this.j = j;
14:      }
15:      public ExTest(int j,int z) {
16:          this(j);
17:          this.z = z;
18:      }
```

つまり、サブクラスのメンバである変数jやzが初期化される前に、スーパークラスのコンストラクタが呼び出され、（3行目のコンストラクタによって）変数iの初期化が行われます。

結果、ExTestクラスのコンストラクタ呼び出しが完了した時点で変数iには2、jには4、zには6が代入されます。

したがって、選択肢Bが正解です。

解答 B

問題 7-22

重要度 ★★★

次のコードを確認してください。

```
 1: class Coffee {
 2:     void drip() {
 3:         System.out.println("Coffee");
 4:     }
 5: }
 6: public class CaffeMocha extends Coffee {
 7:     void addMilk() {
 8:         System.out.println("CaffeMocha");
 9:     }
10:     public static void main(String[] args) {
11:         Coffee cof = new Coffee();
12:         CaffeMocha moc = (CaffeMocha)cof;
13: 
14:     }
15: }
```

このコードをコンパイル、および実行すると、どのような結果になりますか。1つ選択してください。

A. Coffee
B. CaffeMocha
C. 実行時に例外がスローされる
D. コンパイルエラーが発生する

参照型の型変換についての問題です。

11行目では、Coffeeクラスをインスタンス化し、Coffee型の変数cofに参照情報を代入しています。

11行目

```
Coffee cof = new Coffee();
```

Coffee
Coffee型
cof
drip()

12行目では、キャスト演算子を使用してCoffeeオブジェクトの参照情報をサブクラスであるCaffeMocha型の変数に代入していますが、参照型の型変換を行う場合には型変換先の参照情報を保持している必要があります。変数cofにはスーパークラスのCoffeeの参照情報しか含まれていないため、実行時にClassCastException例外が発生します。

したがって、選択肢Cが正解です。

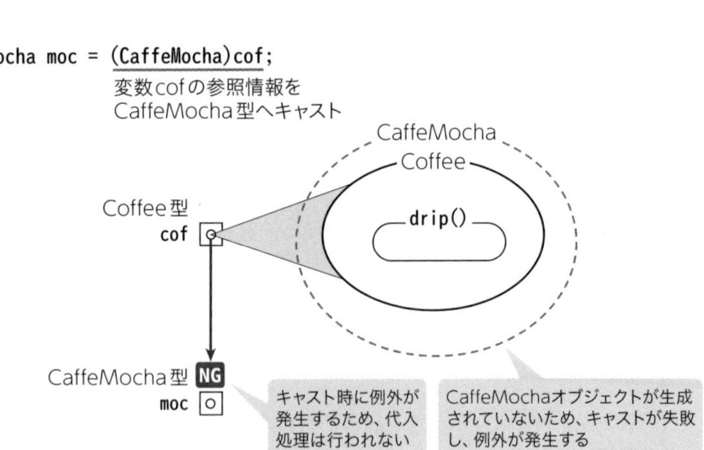

解答 C

問題 7-23

重要度 ★★★

次のコードを確認してください。

```
1:  class Tea {
2:      String flavor;
3:  }
4:  class MilkTea extends Tea {
5:      MilkTea(String flavor) {
6:          this.flavor = flavor;
7:      }
8:      void addFlavor() {
9:          System.out.println("Add: " + flavor);
10:     }
11: }
12: public class TeaTime {
13:     public static void main(String[] args) {
14:         Tea tea = new MilkTea("Milk");
15:         // insert code here
16:     }
17: }
```

15行目にどのコードを挿入すれば、8行目のaddFlavor()メソッドを呼び出せますか。1つ選択してください。

A. `addFlavor();`
B. `tea.addFlavor();`
C. `((Tea)tea).addFlavor();`
D. `((MilkTea)tea).addFlavor();`

解説

参照型の型変換についての問題です。

14行目では、サブクラスであるMilkTeaオブジェクトの参照情報をスーパークラスであるTea型の変数Teaに代入しています。暗黙的な型変換によってサブクラスオブジェクトの参照情報をスーパークラス型変数に代入することができますが、スーパークラス型の変数からサブクラスで定義したメソッドにはアクセスできません。

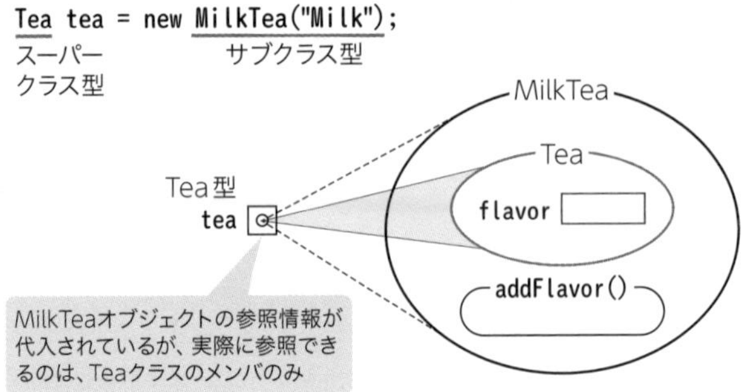

暗黙的な型変換後にサブクラスで定義したメソッドを利用したい場合には、サブクラス型に型変換を行う必要があります。

addFlavor()メソッドが定義されているクラスはサブクラスのMilkTea型となります。そのためサブクラスであるMilkTea型にキャスト演算子を使用して型変換することで、addFlavor()メソッドを呼び出すことができます。したがって、選択肢Dが正解です。

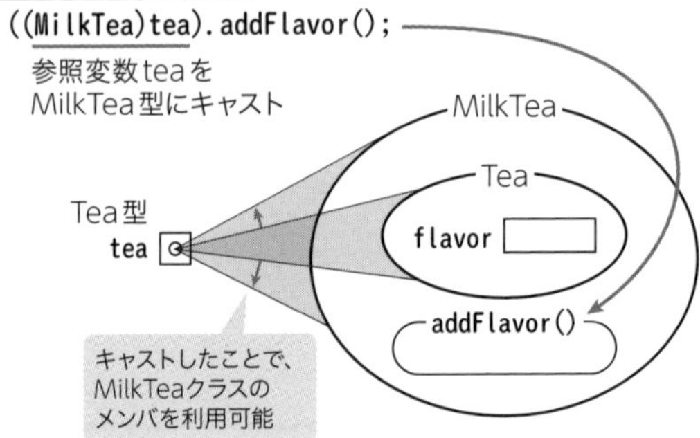

解答 D

問題 7-24

重要度 ★★☆

次のコードを確認してください。

```
 1: // insert code here
 2:
 3: // insert code here
 4:
 5: class Item {
 6:     private String itemName;
 7:
 8:     public void setItemName(String itemName) {
 9:         this.itemName = itemName;
10:     }
11:
12:     public String getItemName() {
13:         return itemName;
14:     }
15: }
```

Itemクラスjp.co.abcにパッケージ化し、かつ、java.util.ArrayListクラスをインポートしてコンパイルする場合に、1行目と3行目に挿入するコードの組み合わせとして適切なものはどれですか。1つ選択してください。

A. 1行目：`import java.util.ArrayList;`
 3行目：`package jp.co.abc;`

B. 1行目：`package jp.co.abc;`
 3行目：`import java.util.ArrayList;`

C. 1行目：`package abc.co.jp;`
 3行目：`import ArrayList.util.java;`

D. 1行目：`import ArrayList.util.java;`
 3行目：`package abc.co.jp;`

解説　package文とimport文についての問題です。

packageキーワードは、対象のクラスをパッケージに含めるキーワードです。クラスがパッケージに属することで、クラスファイルの管理がしやすくなり、またクラス名の衝突を防ぎます。

package文を宣言する際のルールは、以下のとおりです。

- ソースファイルの先頭でpackage文を宣言する
- 1つのソースファイル（.java）には、1つのpackage文のみ記述できる

package文の構文は、以下のとおりです。

構文

```
package パッケージ名;
```

importキーワードは、他のパッケージに属するクラスを使用する際に定義します。

クラス名を**ワイルドカード（*）**に置き換えると、指定したパッケージに属するクラスをすべてインポートできます。

import文もソースファイルの先頭に記述しますが、package文と併用する場合はpackage文を先に宣言する必要があります。

import文の構文は、以下のとおりです。

構文

```
import パッケージ名.クラス名;
```

Javaのソースは、package文、import文、クラス定義の順番で記述する必要があります。

各選択肢の解説は、以下のとおりです。

選択肢A

パッケージ名の指定は正しいですが、import文をpackage文より先に宣言しているため、不正解です。

選択肢B

パッケージ名の指定が正しく、かつpackage文とimport文を宣言する順序も正しいです。したがって、正解です。

選択肢C

package文を「package abc.co.jp;」、import文を「import ArrayList.util.java;」と、設問で指定されているパッケージ名を逆順から指定していますが、逆順に指定する必要ありません。したがって、不正解です。

選択肢D

選択肢Cと同様に、パッケージ名を逆順に指定しています。また、import文を

package文より先に宣言することはできません。したがって、不正解です。

解答 B

問題 7-25

重要度 ★★★

com.example.sampleパッケージに属するCalcクラスをインポートするには、どのimport文が適切ですか。2つ選択してください。(2つのうち、いずれかを挿入すれば設問の条件を満たします。)

A. `import com.example.*;`
B. `import com.example.sample.*;`
C. `import Calc.sample.example.com;`
D. `import com.example.sample.Calc;`

import文についての問題です。

各選択肢の解説は、以下のとおりです。

選択肢A

com.exampleパッケージ以下のクラスをすべてインポートする記述です。設問では、com.example.sampleパッケージのCalcクラスのインポートを必要とするため、不正解です。*(アスタリスク)を使用した際は指定したパッケージ階層のクラスをすべてインポートしますが、指定したパッケージ階層以下のパッケージはインポートしません。

選択肢B

com.example.sampleパッケージ直下のクラスをすべてインポートする記述です。com.example.sample.Calcクラスを対象としますので、正解です。

選択肢C

Calc.sample.example.comとクラス名から逆順にパッケージ名を指定していますが、逆順で指定する必要はありません。したがって、不正解です。

選択肢D

com.example.sample.Calcクラスをパッケージ名まで含めた名前を使用してインポートしています。したがって、正解です。

選択肢B、Dのイメージ図は、以下のとおりです。

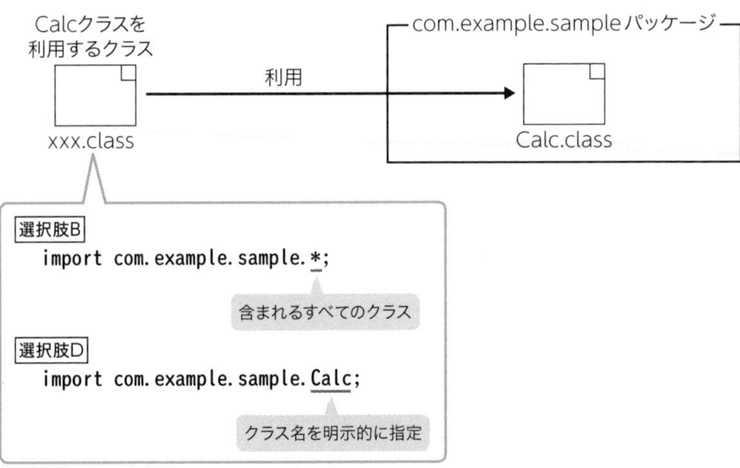

解答 B、D

アクセスキー **K** (大文字のケイ)

模擬試験 1

問題数：60問
合格ライン：60％
制限時間：65分

模擬試験 1　問題

問題 1

com.bronze.ansパッケージにアクセスできるTestクラスをcom.bronze.labパッケージ内に作成する適切なコードはどれですか。1つ選択してください。

A. `package com.bronze.ans;`
   `public class Test { }`

B. `package *.lab; import *.ans;`
   `public class Test { }`

C. `package com.bronze.lab; import com.bronze.ans;`
   `public class Test { }`

D. `import com.bronze.ans; package com.bronze.lab;`
   `public class Test { }`

E. `package com.bronze.lab; import com.bronze.ans.*;`
   `public class Test { }`

問題 2

次のコードを確認してください。

```
public class Greeting {
    String name = "hello";

    public static void main(String[] args) {
        String name = args[1];
        Greeting s = new Greeting();
        System.out.println(s.name);
    }
}
```

このコードをコンパイルして java Greeting bye hi というコマンドを実行すると、どのような結果になりますか。1つ選択してください。

A. hi
B. bye
C. null
D. hello

問題 3

クラスの宣言として適切なものはどれですか。3つ選択してください。

A. `class Test extends java.lang.Object { }`
B. `public class Test extends java.lang.* { }`
C. `public class Test { }`
D. `final class Test { }`
E. `private class Test extends Object { }`

問題 4

次のコードを確認してください。

```
class Apple {
    public void plantApple() {
        System.out.println("Apple tree");
    }
}
class Orange {
    public void plantOrange() {
        System.out.println("Orange tree");
    }
}
public class PlantFruit {
    public static void main(String[] args) {
        Apple apl = new Apple();
        apl.plantApple();
    }
}
```

コンパイル後に生成されるのは、どのクラスファイルですか。1つ選択してください。

A. Apple.class
B. PlantFruit.class
C. Orange.classとPlantFruit.class
D. Apple.classとOrange.class
E. Apple.classとOrange.classとPlantFruit.class

問題 5

次のコードを確認してください。

```
class DoWhileTest {
    public static void main(String[] args) {
        int num = 10;
        do {
            if(num % 2 == 0)
                num++;
            System.out.print(num + " ");
        } while (num < 10);
    }
}
```

このコードをコンパイル、および実行すると、どのような結果になりますか。1つ選択してください。

A. 11
B. 10 11
C. 無限ループになる
D. 何も出力されない
E. コンパイルエラーが発生する

問題 6

データ隠蔽とカプセル化についての説明として、適切なものはどれですか。1つ選択してください。

A. 操作からはなるべく自クラスの属性へはアクセスしないようにする
B. 高速にアクセスできるように属性への直接のアクセスを許可する
C. 属性とその操作を組み合わせてひとつのクラス内に持たせることをカプセル化と呼ぶ
D. カプセル化を行うとプログラムサイズが小さくなる
E. Java言語ではデータ隠蔽の概念にもとづき、データはオブジェクト外部に持たせる

問題 7 ■■■

A社は、部内のコミュニケーションに利用するためのチャットソフトの開発にJava言語を使用することを検討しています。作成予定のアプリケーションはWebブラウザを使用せずGUIで作成します。開発に必要となるエディションは以下のうちどれですか。1つ選択してください。

A. Java SEのみ
B. Java EEのみ
C. Java MEのみ
D. Java SEとJava EE
E. Java SEとJava ME

問題 8 ■■■

次のコードを確認してください。

```
1:  class Employee {
2:      void disp() {
3:          System.out.print("Employee work");
4:      }
5:  }
6:  class Sales extends Employee {
7:      // insert code here
8:  }
```

7行目にどのコードを挿入すれば、disp()メソッドをオーバーライドできますか。1つ選択してください。

A.
```
void disp(String s1, String s2) {
    System.out.print("Manager manage");
}
```
B.
```
public void disp() {
    System.out.print("Manager manage");
}
```
C.
```
public void disp(String s1) {
    System.out.print("Manager manage");
}
```
D.
```
private void disp() {
    System.out.print("Manager manage");
}
```

問題 9

次のコードを確認してください。

```
class Test {
    public static void main(String[] args) {
        String[] ary = new String[3];
        ary[1] = "JavaSE";
        ary[2] = null;
        ary[3] = "Bronze";
        for(int i = 0; i < ary.length; i++) {
            System.out.print(ary[i] + " ");
        }
    }
}
```

このコードをコンパイル、および実行すると、どのような結果になりますか。1つ選択してください。

A. JavaSE null Bronze
B. JavaSE Bronze
C. コンパイルエラーが発生する
D. 実行時エラーが発生する

問題 10

次のコードを確認してください。

```
class ConstTest2 {
    public static void main(String args[]) {
        double PI = 0;
        final String COMPANY_NAME = " ";
        PI = 3.14;
        COMPANY_NAME = "JAVA";

        System.out.println(PI);
        System.out.println(COMPANY_NAME);
    }
}
```

このコードをコンパイル、および実行すると、どのような結果になりますか。1つ選択してください。

A. 3.14
   JAVA
B. 3行目でコンパイルエラーが発生する
C. 4行目でコンパイルエラーが発生する
D. 5行目でコンパイルエラーが発生する
E. 6行目でコンパイルエラーが発生する

問題 11

クラスについての説明として適切なものはどれですか。3つ選択してください。

A. ソースファイルにpublicクラスは1つだけ含めることができる
B. すべてのクラスをjavaコマンドで実行することができる
C. クラスの型は参照型である
D. クラスの型は基本データ型である
E. ソースファイルにはpublicクラスを含めなくてもよい
F. main()メソッドが定義されていないクラスはコンパイルできない

問題 12

次のコードを確認してください。

```
class ExTest extends Test {
    private void func() {
        System.out.print("ExTest");
    }
    // other
}
```

ExTestクラスに定義されているfunc()メソッドの説明として適切なものはどれですか。1つ選択してください。

A. 同じパッケージ内にあるすべてのクラスのメソッドからアクセス可能
B. スーパークラスのTestクラスのメソッドからアクセス可能
C. ExTestクラス内のメソッドからアクセス可能
D. サブクラスのメソッドからアクセス可能

問題 13

次のコードを確認してください。

```
1:  class LocalVariable {
2:      public static void main(String args[]) {
3:          String s1;
4:          s1 = "Hello";
5:          {
6:              s1 = s1 + " Java";
7:              String s2 = " World";
8:              s2 = s2 + "!!!";
9:          }
10:         System.out.println(s1 + s2);
11:     }
12: }
```

このコードをコンパイル、および実行すると、どのような結果になりますか。1つ選択してください。

A. Hello Java World!!!
B. 6行目でコンパイルエラーが発生する
C. 7行目でコンパイルエラーが発生する
D. 8行目でコンパイルエラーが発生する
E. 9行目でコンパイルエラーが発生する
F. 10行目でコンパイルエラーが発生する

問題 14

次のコードを確認してください。

```
class App {
    public static void main(String[] args) {
        Date d = new Date();
        System.out.println(d);
    }
}
```

test.infoパッケージに属するDateクラスを使用する、このコードの実行を成功させるには、どのような修正をすればよいでしょうか。2つ選択してください。(2つのうち、いずれか1つを変更すれば設問の条件を満たします。)

A. 1行目にimport test.info.*;を挿入する。
B. 1行目にpackage test.info.Date;を挿入する
C. 1行目をpublic class Appに変更する
D. 1行目をabstract class Appに変更する
E. 3行目をtest.info.Date d = new Date();に変更する
F. 3行目をtest.info.Date d = new test.info.Date();に変更する

問題 15

次のコードを確認してください。

```
1:  class Orange {
2:      private int section;
3:      // insert code here
4:  }
```

3行目にどのコードを挿入すれば、Orangeクラスを正しくカプセル化できますか。2つ選択してください。

A.
```
public int getSection() {
    return section;
}
```
B.
```
private int getSection() {
    return section;
}
```
C.
```
public void setSection(int section) {
    this.section = section;
}
```
D.
```
private void setSection(int section) {
    this.section = section;
}
```
E.
```
private void Orange (int section) {
    this.section = section;
}
```
F.
```
public Orange() {}
```

問題 16

次のコードを確認してください。

```
class ArrayAccess {
    public static void main(String args[]) {
        char c[] = { 'A','¥u0000','E','¥u0000','I' };
        System.out.print(c[0] + ":");
        System.out.print(c[1] + ":");
        System.out.print(c[2] + ":");
        System.out.print(c[3] + ":");
        System.out.print(c[4]);
    }
}
```

このコードをコンパイル、および実行すると、どのような結果になりますか。1つ選択してください。

A. A: :E: :I
B. 何も出力されない
C. 実行時エラーが発生する
D. コンパイルエラーが発生する

問題 17

次のコードを確認してください。

```
class Test {
    public static void main(String[] args) {
        for(int x = 0; ++x < 5;) {
            System.out.print(x);
        }
    }
}
```

このコードをコンパイル、および実行すると、どのような結果になりますか。1つ選択してください。

A. 1234
B. 01234
C. 12345
D. 012345

問題 18

次のコードを確認してください。

```
class App {
    public static void main(String[] args) {
        System.out.println( (args[0] + args[1]) + args[2]);
    }
}
```

このコードをコンパイルし、java App 500 500 yen と実行すると、どのような結果になりますか。1つ選択してください。

A. 500yen
B. 1000yen
C. 500500yen
D. 実行時エラーが発生する

問題 19

次のコードを確認してください。

```
 1: abstract class App {
 2:     public App(String str) {
 3:         func(str);
 4:         test();
 5:     }
 6:     public void func(String str) {
 7:         System.out.print(str + " : ");
 8:     }
 9:     public abstract void test();
10:     public static void main(String args[]) {
11:         App app = new App("JavaSE");
12:         app.func("Bronze");
13:     }
14: }
```

このコードをコンパイル、および実行すると、どのような結果になりますか。1つ選択してください。

A. 「JavaSE : Bronze」と出力される
B. 「Java SE : 」と出力された後、4行目で実行時エラーが発生する
C. コンパイルは成功するが、11行目で実行時エラーが発生する
D. コンパイルエラーが発生する

問題 20

次のコードを確認してください。

```
class LogicalTest {
    public static void main(String args[]) {
        int a = 2, b = 4, c = 8, d = 10;

        System.out.print( !(a < b) && (d >= c) );
        System.out.print(" : ");
        System.out.print( (c == a) || (c < b) );
    }
}
```

このコードをコンパイル、および実行すると、どのような結果になりますか。1つ選択してください。

A. false : false
B. false : true
C. true : false
D. true : true

問題 21

次のコードを確認してください。

```
class Test {
    String name;
    public void disp() {
        System.out.print(name + " ");
    }
    public static void main(String[] args) {
        Test t1;
        Test t2;
        t1.name = "JavaSE";
        t2.name = "Bronze";
        t1.disp();
        t2.disp();
    }
}
```

このコードをコンパイル、および実行すると、どのような結果になりますか。1つ選択してください。

A. JavaSE Bronze
B. Bronze Bronze
C. コンパイルエラーが発生する
D. 実行時エラーが発生する

問題 22

次のコードを確認してください。

```
interface FlashLight {
    void lightOn();
    void lightOff();
}
class PortableRadio implements FlashLight {
    public void lightOn() {
        System.out.println("Light On.");
    }
    public void lightOff() {
        System.out.println("Light Off.");
    }
}
public class UsePortableRadio {
    public static void main(String[] args) {
        FlashLight fl = new PortableRadio();
        fl.lightOn();
        fl.lightOff();
    }
}
```

このコードをコンパイル、および実行すると、どのような結果になりますか。1つ選択してください。

A. Light On.
B. Light Off.
C. Light On.
Light Off.
D. コンパイルエラーが発生する
E. 例外がスローされ、何も出力されない

問題 23

次のコードを確認してください。

```
1:  class Test {
2:      String disp() {
3:          return "Test";
4:      }
5:  }
6:  class ExTest extends Test {
7:      String disp() {
8:          return "ExTest";
9:      }
10:     public static void main(String[] args) {
11:         Test t = new ExTest();
12:         ExTest ex =(ExTest)t;
13:         System.out.print(ex.disp());
14:     }
15: }
```

このコードをコンパイル、および実行すると、どのような結果になりますか。1つ選択してください。

A. Test
B. ExTest
C. コンパイルエラーが発生する
D. 12行目で実行時エラーが発生する

問題 24

次のコードを確認してください。

```
class IfTest {
    public static void main(String[] args) {
        int num1 = 6;
        int num2 = 3;
        int num3 = 2;
        if(num1 = 5) num3++;
        if(num2 >= 5) num3++;
        if(!(num3 == 5)) num3++;
    }
}
```

このコードをコンパイルすると、どのような結果になりますか。1つ選択してください。

A. コンパイルに成功する
B. 6行目でコンパイルエラーが発生する
C. 7行目でコンパイルエラーが発生する
D. 8行目でコンパイルエラーが発生する

問題 25

配列の宣言として適切なものはどれですか。3つ選択してください。

A. `int[] ary = new int()[5];`
B. `int[] ary = new int(5);`
C. `int[] ary = new int[5];`
D. `int[] ary = null;`
   `ary = new int[5];`
E. `int ary[5];`
F. `int ary = new int[5];`
G. `int[] ary = {10, 20, 30, 40, 50};`

問題 26

スーパークラスの構成要素のうち、サブクラスによって継承されるものはどれですか。2つ選択してください。(スーパークラスとサブクラスは同一パッケージに属します。)

A. final修飾子のみ指定されたメソッド
B. private修飾子が指定されたコンストラクタ
C. private修飾子が指定されたインスタンスメソッド
D. public修飾子が指定されたコンストラクタ
E. public修飾子が指定されたインスタンスメソッド
F. private修飾子が指定された変数

問題 27

次のコードを確認してください。

```
class ArrayAccess {
    public static void main(String args[]) {
        char c[] = {'A','C','E','G','I'};
        int i = 0;
        while(i <= 5) {
            System.out.print(c[i] + ":");
            i++;
        }
    }
}
```

このコードをコンパイル、および実行すると、どのような結果になりますか。1つ選択してください。

A. A:C:E:G:
B. A:C:E:G:I:
C. コンパイルエラーが発生する
D. 実行時エラーが発生する
E. 何も出力されない

問題 28

次のコードを確認してください。

```
class Test {
    public static void main(String[] args) {
        int x = 0;
        boolean b = false;
        while((x++ < 3) && !b) {
            System.out.print("a");
            if(x == 2) {
                b = true;
                System.out.print("b");
            }
        }
    }
}
```

このコードをコンパイル、および実行すると、どのような結果になりますか。1つ選択してください。

A. aa
B. ab
C. aab
D. aaba
E. 何も出力されない

問題 29

次のコードを確認してください。

```
1:  class IfElseTest {
2:      boolean flag;
3:      public static void main(String[] args) {
4:          IfElseTest test = new IfElseTest();
5:          if(test.flag == true) {
6:              System.out.print("true");
7:          } else {
8:              System.out.print("false");
9:          }
10:     }
11: }
```

このコードをコンパイル、および実行すると、どのような結果になりますか。1つ選択してください。

A. true
B. false
C. 4行目でコンパイルエラーが発生する
D. 5行目でコンパイルエラーが発生する

問題 30

次の配列の要素をすべて出力するコードとして、適切なものはどれですか。1つ選択してください。

```
String[] ary = {"abc","def","ghi","jkl","mno","pqr"};
```

A.
```
for(String s : ary) {
    System.out.println(ary[s]);
}
```
B.
```
for(String[] s : ary) {
    System.out.println(ary[s]);
}
```
C.
```
for(String s : ary) {
    System.out.println(s);
}
```
D.
```
for(String[] s : ary) {
    System.out.println(s);
}
```

問題 31

次のコードを確認してください。

```
class Test {
    public static void main(String[] args) {
        System.out.println(args[0] + args[1]);
    }
}
```

このコードをコンパイルし、java Test Hello+World !と実行すると、どのような結果になりますか。1つ選択してください。

A. `HelloWorld!`
B. `HelloWorld !`
C. `Hello+World!`
D. 実行時エラーが発生する

問題 32

次のコードを確認してください。

```
class Count {
    public static void main(String[] args) {
        int num = 10;
        do {
            if (num % 2 == 0)
                num += 2;
                System.out.print(num + " ");
        } while (num < 20);
    }
}
```

このコードをコンパイル、および実行すると、どのような結果になりますか。1つ選択してください。

A. 12 14 16 18
B. 12 14 16 18 20
C. 無限ループになる
D. 何も出力されない
E. コンパイルエラーが発生する

問題 33

次のコードを確認してください。

```
class DoWhileTest {
    public static void main(String[] args) {
        do {
            int num = 0;
            System.out.print(num);
            num++;
        } while(num < 5);
    }
}
```

このコードをコンパイル、および実行すると、どのような結果になりますか。1つ選択してください。

A. 00000
B. 01234
C. 012345
D. 無限ループになる
E. 何も出力されない
F. コンパイルエラーが発生する

問題 34

次のコードを確認してください。

```
class Test {
    public static void main(String[] args) {
        int[] num = {1, 2, 3};
        for(int i = 0; i < num.length; ++i)
            for(int a : num)
                System.out.print(a++);
    }
}
```

このコードをコンパイル、および実行すると、どのような結果になりますか。1つ選択してください。

A. 123
B. 123123
C. 123123123
D. 234234234
E. コンパイルエラーが発生する

問題 35

次のコードを確認してください。

```
class Test {
    public static void main(String[] args) {
        int i = 3;
        while(i >= 0){
            System.out.print((i--) + " ");
        }
    }
}
```

このコードをコンパイル、および実行すると、どのような結果になりますか。1つ選択してください。

A. 3 2 1 0
B. 2 1 0 -1
C. 2 1 0
D. 3が無限に出力される

問題 36

次のコードを確認してください。

```
1: interface App {
2:     public void func(int i);
3: }
4: class Square implements App {
5:     public void func(int i) {
6:         System.out.print((i * i) + " ");
7:     }
8: }
9: class Cube implements App {
10:     public void func(int i) {
11:         System.out.print((i * i * i) + " ");
12:     }
13: }
14: class Test {
15:     public static void main(String args[]) {
16:         App[] ary = { new Cube(), new Square()};
17:         for(App a : ary) {
18:             a.func(2);
19:         }
20:     }
21: }
```

このコードをコンパイル、および実行すると、どのような結果になりますか。1つ選択してください。

A. 4 4
B. 4 8
C. 8 4
D. コンパイルエラーが発生する
E. 17行目で実行時エラーが発生する

問題 37

次のコードを確認してください。

```
class Account {
    int balance;

    public long getBalance(int value) {
        return balance -= value;
    }
}
```

Accountクラスのサブクラスでget Balance()メソッドをオーバーライドするための適切な記述はどれですか。1つ選択してください。

A. オーバーライドを行うメソッドの引数の数を変更する必要がある
B. オーバーライドを行うメソッドの戻り値の型をvoidにする必要がある
C. オーバーライドを行うメソッドの修飾子は、publicにする必要がある
D. オーバーライドを行うメソッドの修飾子は、staticにする必要がある

問題 38

次のコードを確認してください。

```
class Test {
    public void func() {
        System.out.print("Test");
    }
}
class ExTest {
    public void func() {
        System.out.print("ExTest");
    }
    public static void main(String[] args) {
        Test t = new ExTest();
        t.func();
    }
}
```

このコードをコンパイル、および実行すると、どのような結果になりますか。1つ選択してください。

A. Test
B. ExTest
C. コンパイルエラーが発生する
D. 実行時エラーが発生する

問題 39

次のコードを確認してください。

```
interface FlashLight {
    void lightOn();
    void lightOff();
}
public class PortableRadio implements FlashLight {
    void lightOn() {
        System.out.println("Light On.");
    }
    void lightOff() {
        System.out.println("Light Off.");
    }
    public static void main(String[] args) {
        PortableRadio pr = new PortableRadio();
        pr.lightOn();
        pr.lightOff();
    }
}
```

このコードをコンパイル、および実行すると、どのような結果になりますか。1つ選択してください。

A. Light On.
B. Light Off.
C. Light On.
   Light Off.
D. コンパイルエラーが発生する
E. 例外がスローされ、何も出力されない

問題 40

次のコードを確認してください。

```
1:  class Test {
2:      int func(int num) { return 100; }
3:      // insert code here
4:  }
```

3行目にどのコードを挿入することでオーバーロードとなりますか。2つ選択してください。

A. `double func(char num) { return 15.0; }`
B. `double func(int val) { return 1.0; }`
C. `public int func(int num) { return 10; }`
D. `public int func(long num) { return 10; }`
E. `long func(int num) { return 20; }`

問題 41

Javaが提供するエディションの名称と説明の組み合わせで、適切なものはどれですか。1つ選択してください。

名称

1) Java ME
2) Java SE
3) Java EE

説明

ア) Java言語の基礎となる標準的な機能をまとめたエディション
イ) Webアプリケーションや大規模な業務アプリケーションの開発に使用されるエディション
ウ) 家電製品や携帯電話、モバイル端末など、組み込み系プログラムの開発に使用されるエディション

A. 1-イ　2-ウ　3-ア
B. 1-イ　2-ア　3-ウ
C. 1-ウ　2-イ　3-ア
D. 1-ウ　2-ア　3-イ

問題 42

次のコードを確認してください。

```
class Nest {
    public static void main(String[] args) {
        for(int i = 0; i < 3; i++) {
            for(int j = 0; j < i; j++) {
                System.out.print('*');
            }
            System.out.print('/');
        }
    }
}
```

このコードをコンパイル、および実行すると、どのような結果になりますか。1つ選択してください。

A. */**/
B. /*/**/
C. **/**/**/
D. /**/**/**/
E. 何も出力されない

問題 43

次のコードを確認してください。

```
class Test {
    public static void main(String[] args) {
        int i = 5;
        System.out.println((i += 2) + " : " + (i++));
    }
}
```

このコードをコンパイル、および実行すると、どのような結果になりますか。1つ選択してください。

A. 5 : 6
B. 5 : 7
C. 7 : 7
D. 7 : 8

問題 44

次のコードを確認してください。

```
class Test {
    public static void main(String[] args) {
        int x = 3;
        Test t = new Test();
        t.func(4);
    }
    public void func(int y) {
        System.out.println(x-- * y);
    }
}
```

このコードをコンパイル、および実行すると、どのような結果になりますか。1つ選択してください。

A. 12
B. 8
C. 0
D. コンパイルエラーが発生する
E. 実行時エラーが発生する

問題 45

Javaのソースファイルについて適切なものはどれですか。3つ選択してください。

A. import文はソースファイル内であればどの場所でも定義できる
B. ソースファイルの名前は、public指定されたクラス名と一致する必要がある
C. ソースファイルにはfinalクラスを1つだけ定義できる
D. package文はオプションであり、使用する場合は先頭に定義する必要がある
E. ソースファイルにはimport文を1つだけ指定できる
F. ソースファイルにはクラスとインタフェース両方の定義を行うことができる

問題 46

次のコードを確認してください。

```
class Test {
    private String str = "Test";
    void func() {
        System.out.print(str);
    }
    void func(String s) {
        System.out.print(s);
    }
}
class ExTest extends Test {
    public static void main(String[] args) {
        Test t = new ExTest();
        t.func(t.str);
    }
}
```

このコードをコンパイル、および実行すると、どのような結果になりますか。1つ選択してください。

A. コンパイル、実行に成功し「Test」と出力される
B. コンパイルに成功するが、実行時エラーが発生する
C. func()メソッドがExTestクラスに定義されていないためコンパイルエラーが発生する
D. 変数strにprivate修飾子が指定されているためコンパイルエラーが発生する

問題 47

Javaテクノロジの説明として不適切なものはどれですか。1つ選択してください。

A. 作成したプログラムはOSに依存しない
B. プログラミング言語、実行環境、開発環境の3つの側面を持つ
C. JavaテクノロジのうちJava EEとJava MEは有償である
D. Javaテクノロジには3つのエディション（Java SE、Java EE、Java ME）が存在する

問題 48

次のコードを確認してください。

```
class Apple {
    int seeds;
    void setSeeds(int seeds) {
        this.seeds = seeds;
    }
    void printSeeds() {
        System.out.println("This apple has " + seeds + " seeds.");
    }
}
public class UseApple {
    public static void main(String[] args) {
        Apple apl = new Apple();
        apl.setSeeds(10);
        apl.printSeeds();
    }
}
```

このコードをコンパイル、および実行すると、どのような結果になりますか。1つ選択してください。

A. This apple has 10 seeds.
B. "This apple has " 10" seeds."
C. "This apple has " + seeds + " seeds."
D. 何も出力されない
E. コンパイルエラーが発生する
F. 実行時に例外がスローされる

問題 49

次のコードを確認してください。

```
class Employee {
    String disp() { return "emp"; }
}
public class Engineer extends Employee {
    // insert code here
}
```

5行目にどのコードを挿入すれば、disp()メソッドのオーバーライドとなりますか。1つ選択してください。

A.
```
public String disp() {
     return "work";
}
```
B.
```
void disp(String str1) {
     System.out.print(str1);
}
```
C.
```
public void disp() {
     System.out.print("work");
}
```
D.
```
public void disp(String str1) {
     System.out.print(str1);
}
```
E.
```
public String disp(String str1) {
     return str1;
}
```

問題 50

データ隠蔽の概念を反映した組み合わせとして、適切なものはどれですか。1つ選択してください。

A. 属性はpublicにして、操作はprivateにする
B. 属性はstaticにして、操作はprivateにする
C. 属性はprivateにして、操作はprivateにする
D. 属性はprivateにして、操作はpublicにする
E. 属性はpublicにして、操作はpublicにする

問題 51 □□□

次のコードを確認してください。

```
1: class Test {
2:     boolean flag;
3:     public static void main(String[] args) {
4:         Test t = new Test();
5:         // insert code here
6:             System.out.print("true");
7:         } else {
8:             System.out.print("false");
9:         }
10:     }
11: }
```

5行目にどのコードを挿入することでコンパイルと実行が成功しますか。1つ選択してください。

A. `if(t.flag = "true") {`
B. `if(t.flag == "true") {`
C. `if(t.flag) {`
D. `if(t.flag.equals(true)) {`
E. `if(t.flag.equals("true")) {`

問題 52 □□□

次のコードを確認してください。

```
public class Calculation {
    public float printDataA(int num1, float num2) {
        return num1 + num2;
    }
    public String printDataB(String var1, int var2) {
        return var1 + var2;
    }
    public static void main(String[] args) {
        Calculation calc = new Calculation();
        System.out.println("Result = " + calc.printDataA(10, 30.0f));
        // insert code here
    }
}
```

11行目にどのコードを挿入すれば、以下のように出力できますか。1つ選択してください。

出力結果

```
Result = 40.0
Result = 15
```

A. System.out.println("Result = " + calc.printDataA(15));
B. System.out.println("Result = " + calc.printDataA("1", 5));
C. System.out.println("Result = " + calc.printDataB("1", 5));
D. System.out.println("Result = " + calc.printDataA("1", 5.0));
E. System.out.println("Result = " + calc.printDataB("1", 5.0));
F. System.out.println("Result = " + calc.printDataA("15"));

問題 53

次のコードを確認してください。

```
class Number {
    int value1, value2;

    public Number(int value2) {
        this.value2 = value2;
    }
    public Number(int value1, int value2) {
        this.value1 = ++value1;
        this(value2++);
    }

    public static void main(String[] args) {
        int value1 = 2;
        int value2 = 4;
        Number obj = new Number(value1, value2);
        System.out.println(obj.value1 + " : " + obj.value2);
    }
}
```

このコードをコンパイル、および実行すると、どのような結果になりますか。1つ選択してください。

A. 3:5
B. 3:6
C. 4:5
D. 4:6
E. コンパイルエラーが発生する

問題 54

次のコードを確認してください。

```
 1: class Account {
 2:     int balance;
 3:     Account(int balance) {
 4:         this.balance = balance;
 5:     }
 6: }
 7: public class SavingAccount extends Account {
 8:     protected double rate;
 9:     SavingAccount(int balance, double rate) {
10:         // insert code here
11:     }
12:     public static void main(String[] args) {
13:         SavingAccount sa = new SavingAccount(50000, 0.05);
14:         System.out.println(sa.balance);
15:         System.out.println(sa.rate);
16:     }
17: }
```

10行目にどのコードを挿入すれば、コンパイルが成功しますか。1つ選択してください。

A.
```
super(balance);
this.rate = rate;
```
B.
```
this.rate = rate;
Account.balance = balance;
```
C.
```
super.balance = balance;
this.rate = rate;
```
D.
```
this(rate);
super.balance = balance;
```

問題 55

次のコードを確認してください。

```
 1: class Car {
 2:     public String run(int speed) {
 3:         return "The car is running by " + speed + " km/h.";
 4:     }
 5: }
 6: class Taxi extends Car {
 7:     public void run() {
 8:         System.out.println("The taxi is running.");
 9:     }
10:     public String run(int speed) {
11:         return "The taxi is running by " + speed + " km/h.";
12:     }
13:     public void run(int speed) {
14:         System.out.println("The taxi is running by " + speed + " km/
    h.");
15:     }
16:     public String run(String destination) {
17:         return "The taxi is running to " + destination + " .";
18:     }
19:     void run(int speed) {
20:         System.out.println("The taxi is running by " + speed + " km/
    h.");
21:     }
22: }
```

2行目のrun()メソッドを、Taxiクラス内で正しくオーバーロードしているコードは何行目ですか。2つ選択してください。

A. 7行目
B. 10行目
C. 13行目
D. 16行目
E. 19行目

問題 56

次のコードを確認してください。

```java
class CommonPart {
    private static int length = 10;
    private static int weight = 5;

    public static void printSize() {
        System.out.println("length: " + length);
        System.out.println("weight: " + weight);
    }
}
public class Assemble {
    public static void main(String[] args) {
        CommonPart cp = new CommonPart();
        CommonPart.printSize();
    }
}
```

このコードをコンパイル、および実行すると、どのような結果になりますか。1つ選択してください。

A. length: 0
   weight: 0
B. length: 10
   weight: 5
C. コンパイルエラーが発生する
D. 例外がスローされ、何も出力されない

問題 57

以下の文章に最も関連の深い用語を1つ選択してください。

「実装を持たない操作を持つクラスで、このクラスをインスタンス化することはできない」

A. 継承
B. インタフェース
C. カプセル化
D. 抽象クラス
E. 情報隠蔽

問題 58

次のコードを確認してください。

```
class Market {
    String itemName;
    int itemNum;

    public void Market() {
        System.out.println("no item");
    }
    public Market(String itemName) {
        this.itemName = itemName;
        System.out.println("item name: " + itemName);
    }
    public Market(String itemName, int itemNum) {
        this(itemName);
        this.itemNum = itemNum;
        System.out.println("item num: " + itemNum);
    }
    public static void main(String[] args) {
        Market mk1 = new Market();
        Market mk2 = new Market("milk");
        Market mk3 = new Market("egg", 6);
    }
}
```

このコードをコンパイル、および実行すると、どのような結果になりますか。1つ選択してください。

A. `item num: 6`

B. `no item`

C. `item name: milk`

D. `item name: milk`
`item num: 6`

E. `no item`
`item name: milk`
`item num: 6`

F. コンパイルエラーが発生する

問題 59

次のコードを確認してください。

```
1:  abstract class Phone {
2:      public abstract void call();
3:  }
4:  class PublicPhone extends Phone {
5:      public void call() {
6:          System.out.println("call from public phone.");
7:      }
8:  }
9:  class MobilePhone extends Phone {
10:     public void call() {
11:         System.out.println("call from mobile phone.");
12:     }
13: }
14: class SmartPhone extends Phone {
15:     public void call() {
16:         System.out.println("call from smart phone.");
17:     }
18: }
19: public class UsePhone {
20:     public static void main(String[] args) {
21:         PublicPhone pp = new PublicPhone();
22:         MobilePhone mp = new MobilePhone();
23:         SmartPhone sp = new SmartPhone();
24:         pp.call();
25:         mp.call();
26:         sp.call();
27:         Phone p = pp;
28:         p.call();
29:         p = mp;
30:         p.call();
31:     }
32: }
```

ポリモフィズムの概念にもとづいてメソッドの呼び出しを行っているのは何行目になりますか。2つ選択してください。

A. 24行目
B. 25行目
C. 26行目
D. 28行目
E. 30行目

問題 60

次のコードを確認してください。

```
class Counting {
    public static void main (String[] args) {
        char[] array = {'a', 'b', 'c', 'd', 'e'};
        int count = 0;

        for(int i = 0; i < array.length; i++) {
            switch(array[i]) {
                case 'a':
                    count++;
                case 'b':
                    count++;
                    break;
                case 'c':
                    count++;
                case 'd':
                    count++;
                    break;
                default:
                    count++;
            }
        }
        System.out.print("Count = " + count);
    }
}
```

このコードをコンパイル、および実行すると、どのような結果になりますか。1つ選択してください。

A. Count = 4
B. Count = 5
C. Count = 6
D. Count = 7
E. コンパイルエラーが発生する

模擬試験 1 ｜ 解答と解説

問題 1

package文と**import文**についての問題です。

問題では、「com.bronze.ansというパッケージにアクセスできる」という記述があるため、「com.bronze.ansパッケージ内のクラスにアクセス」するためのimport文を定義する必要があります。

各選択肢の解説は、以下のとおりです。

選択肢A

問題の内容からpackage文で「com.bronze.labパッケージ」にパッケージングし、import文で「com.bronze.ansパッケージのクラス」を指定する必要があります。したがって、不正解です。

選択肢B

package文に*（アスタリスク）を使用することはできません。また、import文についても*が使用できるのはインポートするクラス名の部分のみです。したがって、不正解です。

選択肢C

「com.bronze.labパッケージ」にパッケージングしていますが、import文は、「インポート対象となるクラス名」まで指定する必要があります。選択肢Cはimport文でパッケージ名を指定したのみとなります。したがって、不正解です。

選択肢D

package文とimport文を定義する場合は必ずpackage文を先頭に定義する必要があります。したがって、不正解です。

選択肢E

正しいpackage文、またcom.bronze.ansパッケージのすべてのクラスをインポートするimport文が定義されています。したがって、正解です。

 E

問題 2

ローカル変数と**インスタンス変数**についての問題です。

実行時に「bye」と「hi」の2つのコマンドライン引数を渡しています。

コマンドライン引数は、4行目のmain()メソッドの引数で定義している配列argsに格納されます。

5行目で指定しているargs[1]には"hi"が格納されており、左辺の変数nameに代入されます。ただし、5行目の変数nameはmain()メソッド内でのみ有効なローカル変数です。

6行目では、Greetingクラスをインスタンス化しています。

参照変数sが参照しているオブジェクト内に保持されている変数は、2行目に定義されている"hello"の値を持つ、インスタンス変数nameとなります。

7行目では2行目のインスタンス変数nameを出力するため「hello」が出力されます。

したがって、選択肢Dが正解です。

D

問題 3

クラス定義についての問題です。

各選択肢の解説は、以下のとおりです。

選択肢A

java.lang.Objectクラスは、Java言語におけるすべてのクラスのスーパークラスです。継承を行っていない自作したクラスも、選択肢Aのようにjava.lang.Objectクラスを暗黙的に継承します。もちろん、明示的に定義した場合も問題ありません。したがって、正解です。

選択肢B

継承を行う際に*（ワイルドカード）を使用することはできません。したがって、不正解です。

選択肢C

publicクラスとして正しい定義です。したがって、正解です。

選択肢D

final修飾子をクラスに定義すると「継承禁止」となります。Testクラスを他のクラスで継承することはできません。したがって、正解です。

選択肢E

private修飾子を指定していますが、クラスにprivate修飾子は使用できません。したがって、不正解です。

解答 A、C、D

問題 4

クラスファイルの生成についての問題です。

ソースファイル内には、Appleクラス、Orangeクラス、PlantFruitクラスの3つのクラスが定義されています。コンパイルを行うとApple.class、Orange.class、PlantFruit.classの3つのクラスファイルが生成されます。

したがって、選択肢Eが正解です。

 E

問題 5

do-while文についての問題です。

3行目で変数numを10で初期化しています。

4行目のdoブロック内5行目のif文の条件式に変数numを使用しています。条件式はnum % 2 == 0と指定されているため、変数numが偶数であればtrueとなり、ifブロック内の処理が実行されます。10は偶数のため、条件式はtrueとなり、6行目で変数numが1加算され11となります。

7行目で「11」が出力された後、8行目の条件式num < 10の判定を行います。11 < 10となるため結果はfalseとなり、プログラムが終了します。

したがって、選択肢Aが正解です。

```
num [10] → [11]

do {
    if(num % 2 == 0)       // true
        num++;             // numをインクリメント
    num出力                // 「11」が出力される
} while(num < 10);
```

11 < 10 の判定がfalseのためループ終了

 A

問題 6

データ隠蔽と**カプセル化**についての問題です。

オブジェクト内に属性とその属性にアクセスする操作を1つにまとめて持たせることをカプセル化と呼びます。したがって、選択肢Cが正解です。

その他の選択肢は、データ隠蔽とカプセル化とは関連のない説明のため、不正解です。

 C

問題 7

 **Javaのエディション**についての問題です。

各選択肢の解説は、以下のとおりです。

選択肢A

Java SEは、Java言語の基礎となる標準的な機能をまとめたエディションです。チャットソフトの開発にあたり、GUIのライブラリやネットワーク通信用のライブラリが必要な場合には、Java SEで提供されているライブラリで実装できます。したがって、正解です。

選択肢B、C

Java EEやJava MEは単独で利用することができないエディションです。Java SEと組み合わせて使用する必要があります。したがって、不正解です。

選択肢D

問題文の中に「Webブラウザは使用しません」とあるためWebアプリケーションを作成するJava EEは使用しません。したがって、不正解です。

選択肢E

携帯電話や、組み込み系のアプリケーション開発ではないためJava MEは使用しません。したがって、不正解です。

 A

問題 8

 **オーバーライド**についての問題です。

各選択肢の解説は、以下のとおりです。

選択肢A、C

引数の数が異なるため、オーバーライドの条件を満たしていません。したがって、不正解です。

選択肢B

スーパークラスよりも公開範囲の広い修飾子を指定しているため、オーバーライドの条件を満たしています。したがって、正解です。

選択肢D

スーパークラスのdisp()メソッドよりも公開範囲の狭い修飾子を指定しているため、コンパイルエラーが発生します。したがって、不正解です。

 B

問題 9

for文についての問題です。

7行目のfor文は、配列aryの全要素を取り出して出力するループ文です。

ただし、3行目に作成した配列aryは要素数3つとして生成していますが、4〜6行目では要素番号「1〜3」に文字列を代入しています。

つまり、6行目の要素番号3番目のアクセス時に、配列の要素外アクセスの実行時エラー（ArrayIndexOutOfBoundsException）が発生します。

したがって、選択肢Dが正解です。

参考

以下のコードのように、4〜6行目で正しい要素番号に代入を行えば、選択肢Aの「JavaSE null Bronze 」が出力されます。String型配列の要素にnullを代入し、取り出して出力することは問題ありません。

```
 1:  class Test {
 2:      public static void main(String[] args) {
 3:          String[] ary = new String[3];
 4:          ary[0] = "JavaSE";
 5:          ary[1] = null;
 6:          ary[2] = "Bronze";
 7:          for(int i = 0; i < ary.length; i++) {
 8:              System.out.print(ary[i] + " ");
 9:          }
10:      }
11:  }
```

 D

問題 10

定数についての問題です。

3行目で大文字でPIと宣言していますが、final修飾子が指定されていないため、定数ではない変数宣言となります。

4行目では、変数COMPANY_NAMEを宣言していますが、final修飾子を指定しているため定数として宣言しています。

5行目では、3行目で宣言した変数PIに3.14を代入していますが、変数に対する代入となるためコンパイルエラーは発生しません。

6行目では4行目で宣言した定数COMPANY_NAMEに"JAVA"を代入していますが、定数に対して値の再代入を行うことはできません。

したがって、選択肢Eが正解です。

E

問題 11

クラスについての問題です。

各選択肢の解説は、以下のとおりです。

選択肢A

クラスにpublic修飾子を指定することができます。publicクラスを定義した場合、「publicクラス名とソースファイル名を同じ」にする必要があります。つまり、1つのソースファイルに定義できるpublicクラスは1つとなります。したがって、正解です。

選択肢B

javaコマンドで実行できるクラスは「main()メソッドを定義したクラス」のみです。したがって、不正解です。

選択肢C

クラスを定義することで、オブジェクトを生成し使用できるようになります。クラスの型は参照型の一種となります。したがって、正解です。

選択肢D

クラス型は参照型となります。したがって、不正解です。

選択肢E

ソースファイルに必ずpublicクラスを定義する必要はありません。したがって、正解です。

選択肢F

コンパイルはすべてのソースファイルに対して行えます。したがって、不正解です。

 A、C、E

問題 12

 **アクセス修飾子**についての問題です。

2行目で定義したfunc()メソッドには、private修飾子が指定されています。private修飾子が指定されたメンバ（変数、メソッド）は、「他クラスからのアクセスを禁止し、自クラス内のメソッドからのみアクセス可能」となります。

したがって、選択肢Cが正解です。

 C

問題 13

 **変数の有効範囲**についての問題です。

3行目では、変数s1を宣言しています。変数s1はmain()メソッドのブロックに属する変数となるため、2～11行目のブロック内であればどこからでも使用可能です。

7行目では、変数s2を宣言しています。変数s2は5～9行目のブロックに属しているため、5～9行目のブロック内のみ使用可能です。

10行目では、3行目と7行目で宣言した変数を連結して出力しようとしていますが、変数s2は5～9行目のブロック内のみ有効なため、コンパイルエラーが発生します。

したがって、選択肢Fが正解です。

 F

問題 14

 **クラスのインポート**についての問題です。

他のパッケージクラスを使用する方法として、以下のものがあります。

- クラスを使用する際に、完全指定クラス名（パッケージを含むクラス名）で使用する
- import文を使用する

- 使用するクラスと同じパッケージに属するクラスとして定義する

各選択肢の解説は、以下のとおりです。

選択肢A

使用するDateクラスはtest.infoパッケージに属するクラスとなるため、*（アスタリスク）を使用したimport文を挿入することで、Dateクラスが使用可能となります。したがって、正解です。

選択肢B

package文を指定していますが、package test.info.Date;と定義しているため、「test.info.Dateパッケージに属するAppクラス」という意味になり、AppクラスとDateクラスは異なるパッケージのクラスとなります。したがって、不正解です。

選択肢C、D

クラスの修飾子を変更してもDateクラスを使用することはできません。したがって、不正解です。

選択肢E

インスタンス化の構文で完全指定クラス名を使用していますが、使用しているのが左辺のみとなるため、コンパイルエラーが発生します。したがって、不正解です。

選択肢F

インスタンス化の構文で左辺と右辺のクラス名を完全指定クラス名として定義しているため、他のパッケージのクラスが使用可能となります。したがって、正解です。

解答 A、F

問題 15

解説 **データ隠蔽**と**カプセル化**についての問題です。

カプセル化とは、オブジェクト内に属性とその属性にアクセスする操作をひとつにまとめて持たせることです。データ隠蔽とカプセル化を利用することで、公開している操作を介して非公開の属性にアクセスすることができます。

設問では、属性sectionにアクセス可能なpublicメソッドが適切です。

したがって、選択肢A、Cが正解です。

解答 A、C

問題 16

配列についての問題です。

3行目では、**配列の初期化**を行っています。
「'¥u0000'」は空文字を表すchar型配列の初期値です。
各行での出力結果は、以下のとおりです。

- 4行目ではc[0]を指定しているため、「A」を出力
- 5行目ではc[1]を指定しているため、「¥u0000」(空文字)を出力
- 6行目ではc[2]を指定しているため、「E」を出力
- 7行目ではc[3]を指定しているため、「¥u0000」(空文字)を出力
- 8行目ではc[4]を指定しているため、「I」を出力

したがって、実行結果は「A:¥u0000(空文字):E:¥u0000(空文字):I」と出力されるため、選択肢Aが正解です。

 A

問題 17

for文についての問題です。

3行目のfor文では、条件判定の式でカウンタ変数の増加もあわせて行っています。

条件判定の式が「++x < 5」と定義されているので、次の順番で処理が実行されます。

❶ カウンタ変数xに1をプラスし
❷ カウンタ変数xが5よりも小さいかを判定

つまり、3行目の条件判定でtrueとなるのは、カウンタ変数xが「1〜4」の間となり、繰り返す回数は4回となります。
したがって、選択肢Aが正解です。

 A

問題 18

コマンドライン引数と**文字列結合**についての問題です。

実行時に「500」「500」「yen」という3つのコマンドライン引数を渡しています。

3行目では(args[0] + args[1]) + args[2]の結果を出力していますが、コマンドライン引数はString型配列argsの要素として格納されるため、実行時に渡した3つの

コマンドライン引数は整数値ではなく、文字列として格納されます。
よって、(args[0] + args[1]) + args[2]の処理は加算ではなく、文字列結合となり「500500yen」の文字列が生成されます。したがって、選択肢Cが正解です。

 C

問題 19

 **抽象クラス**についての問題です。

抽象クラスは、抽象メソッドを定義することが可能なクラスです。
抽象クラスには、次の特徴があります。

- 自身はインスタンス化できない
  ➡ 抽象クラスを継承したサブクラスをインスタンス化して利用する

問題のコードでは、1行目で抽象クラスとして定義したAppクラスを11行目でインスタンス化を行っています。つまり、11行目の時点でコンパイルエラーが発生します。
したがって、選択肢Dが正解です。

 D

問題 20

 **論理演算子**についての問題です。

5行目では、&&演算子を使用した比較をしています。左辺は「!(a < b)」の式によりfalseになります。&&演算子は左辺がfalseの時点で右辺の評価は行わずに、false判定になるため、「false」が出力されます。
7行目では、||演算子を使用した比較をしています。左辺は「c == a」の式によりfalseとなります、右辺はc < bの式によりfalseになるため、結果として「false」が出力されます。
したがって、実行結果は「false : false」と出力されるため、選択肢Aが正解です。

 A

問題 21

 **オブジェクトの生成と使用**についての問題です。

問題のコードでは、Testクラスのインスタンスを2つ操作しているように見えます

が、実際には7行目と8行目では、Test型の変数を宣言したのみでインスタンス化をしていません。

つまり、9行目以降のオブジェクトへのアクセスはコンパイルエラーが発生します。したがって、選択肢Cが正解です。

参考

問題のコードで、以下のようにインスタンス化を行えば、正しく動作し選択肢Aの「JavaSE Bronze 」が出力されます。

```
7:          Test t1 = new Test();
8:          Test t2 = new Test();
```

 C

問題 22

 **ポリモフィズム**についての問題です。

15行目でPortableRadioクラスをインスタンス化し、実装しているインタフェースであるFlashLight型の参照変数flに代入しています。

16行目と17行目ではFlashLight型の参照変数flを使用してlightOn()メソッドとlightOff()を呼び出しています。どちらのメソッドもFlashLightインタフェースで定義され、PortableRadioクラスで実装されています。インタフェース型の参照変数を使用した場合、オーバーライドされているメソッドを呼び出します。

したがって、実行結果は「Light On.」と「Light Off.」が出力されるため、選択肢Cが正解です。

 C

問題 23

 **参照型の型変換**についての問題です。

1行目にスーパークラスのTestクラス、6行目にTestクラスを継承したサブクラスのExTestクラスが定義されています。また、disp()メソッドはサブクラスのExTestクラスでオーバーライドされています。

11行目でExTestクラスをインスタンス化し、スーパークラス型の変数tで参照しています。

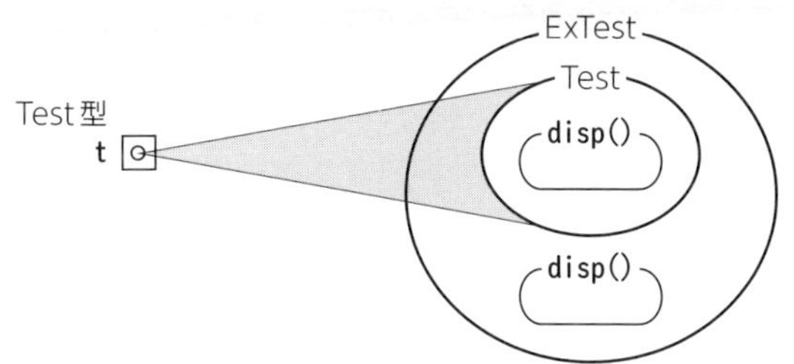

12行目で変数tの参照をキャスト演算子を使用し、サブクラス型の変数exへ型変換しています。サブクラスのExTestクラスはインスタンス化されているため、12行目の型変換は成功します。

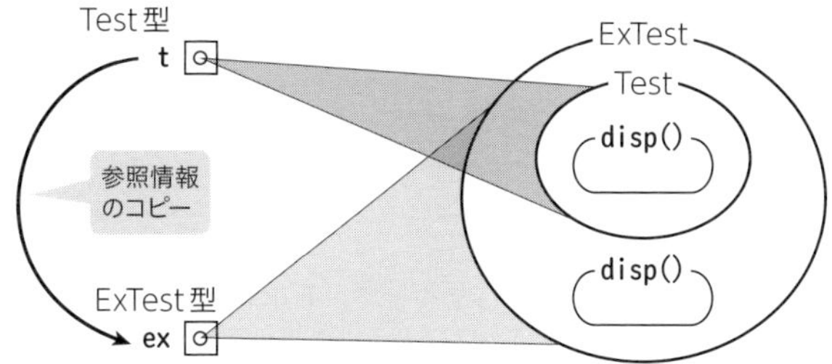

13行目で変数exからdisp()メソッドを呼び出しているため、サブクラスでオーバーライドした7行目のdisp()メソッドが呼び出され、「ExTest」と出力されます。

したがって、選択肢Bが正解です。

 B

問題 24

 **if文**についての問題です。

6行目では、if文の条件式としてnum1 = 5の式を記述していますが、=演算子は代入演算子となり、変数num1に5を代入する式となります。if文の条件式にboolean型の値以外を記述すると、コンパイルエラーが発生します。

したがって、選択肢Bが正解です。

 B

問題 25

配列の宣言についての問題です。

各選択肢の解説は、以下のとおりです。

選択肢A

右辺に定義している()は、配列宣言では不要です。したがって、不正解です。

選択肢B

配列の要素数を指定する場合は()ではなく[]で定義します。したがって、不正解です。

選択肢C

正しい配列宣言方法です。したがって、正解です。

選択肢D

1行目で配列名を宣言してnullを代入していますが、2行目で宣言した配列名に正しい配列宣言を行っているため、正解です。

選択肢E

配列宣言として不適切な定義です。したがって、不正解です。

選択肢F

左辺の配列名宣言時に[]が定義されていないため、配列名ではなく変数の宣言となるため、右辺の配列宣言を代入できません。したがって、不正解です。

選択肢G

正しい配列の初期化方法です。配列宣言と同時に各要素に初期値も代入する方法です。したがって、正解です。

 C、D、G

問題 26

継承についての問題です。

各選択肢の解説は、以下のとおりです。

選択肢A

final修飾子を指定したメソッドは、サブクラスでオーバーライドが不可となります。しかし、継承時にはサブクラスに引き継がれます。したがって、正解です。

選択肢B、D

コンストラクタはサブクラスに継承されません。したがって、不正解です。

選択肢C、F

private修飾子が指定されたメンバは継承されません。したがって、不正解です。

選択肢E

インスタンスメソッドはサブクラスに継承されます。したがって正解です。

 A、E

問題 27

 **配列のループ処理**についての問題です。

3行目で生成している配列cの要素数は5つのため、指定可能な添え字は0～4です。

5行目のwhileループは、6回のループ処理が行われます。

5回目までのループ処理にて「A:C:E:G:I:」までは出力されます。

6回目のループ処理でc[5]を出力しようとしますが、指定可能な添え字は0～4までのため、添え字5に該当する要素は配列の範囲外となり、実行時エラーが発生します。

したがって、選択肢Dが正解です。

 D

問題 28

 **while文**についての問題です。

3行目で変数xは0、4行目では変数bがfalseで初期化されています。

5行目のwhile文の条件式は左辺が「0 < 3」でtrue、右辺も!bのためtrueとなり、論理積（&&）の結果もtrueとなります（その後、変数xには1プラスされ1となります）。したがって、6行目で「a」が出力されます。

7行目のif文は変数xが1のためfalseとなり処理されません。

再び5行目のwhile文の条件式となりますが、左辺が「1 < 3」、右辺は「true」のため、結果はtrueとなります（その後、変数xには1プラスされ2となります）。再び「a」が出力されます。

7行目のif文は変数xが2のため、trueとなり処理が行われます。変数bにtrueを代入し、「b」が出力されます。

次は、3度目の5行目のwhile文の条件判定となります。左辺は「2 < 3」でtrueですが、右辺は変数bにtrueが代入されているため、!（論理否定）でfalseの結果となります。論理積（&&）は、左辺と右辺のどちらかがfalseの場合、最終的な結果も

falseとなります。

したがって、「aab」の出力となるため、選択肢Cが正解です。

 C

問題 29

 **オブジェクトの生成**と**インスタンス変数**の初期値についての問題です。

4行目では自クラスであるIfElseTestクラスをインスタンス化しています。自クラスをインスタンス化してもコンパイルエラーにはなりません。

5行目では、参照変数testを指定して4行目で生成したIfElseTestオブジェクト内のインスタンス変数flagにアクセスしていますが、コンパイルエラーは発生しません。staticメソッドであるmain()メソッド内から、インスタンス変数へ直接アクセスするとコンパイルエラーが発生しますが、インスタンス化した上で「参照変数名.インスタンス変数名」でアクセスすることができます。

また、boolean型のインスタンス変数はfalseで初期化されるため、5行目のif文の判定はfalseになります。

したがって、8行目では「false」と出力されるため、選択肢Bが正解です。

 B

問題 30

 **拡張for文**についての問題です。

各選択肢の解説は、以下のとおりです。

選択肢A

出力する値としてary[s]を指定していますが、変数sには要素である文字列データが格納されているため、指定できません。したがって、不正解です。

選択肢B、D

条件式内の左辺に配列を宣言していますが、左辺は「要素型」の宣言が必要であるため、設問の場合はString型の変数宣言が必要です。したがって、不正解です。

選択肢C

拡張for文の構文に従って宣言しているため、正解です。

 C

問題 31

コマンドライン引数についての問題です。

実行時に、Hello+Worldと!の2つのコマンドライン引数を渡しています。

1つ目の引数がHello+Worldとありますが、引数の中で+演算子を使用して文字列の結合はできないため、渡した引数がそのまま文字列として配列argsの要素へ格納されます。

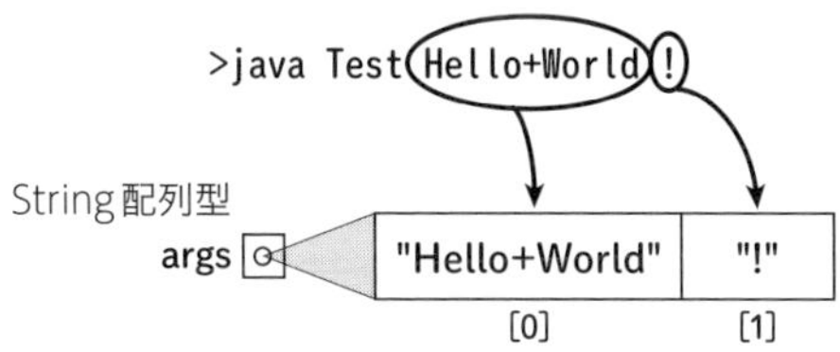

3行目で2つの引数を結合しているため、「Hello+World!」が出力されます。

したがって、選択肢Cが正解です。

 C

問題 32

do-while文についての問題です。

4〜8行目がdo-whileブロックです。

5行目のif文の条件式はnum % 2 == 0と指定されているため、変数numが偶数であればtrueとなり、7行目で変数numに2加算した値が出力されます。

変数numの初期値は10から始まり、最終的にnum < 20の条件までループ処理を行います。よって、do-while文は5回のループ処理を実行するため、実行結果は「12 14 16 18 20」と出力されます。

したがって、選択肢Bが正解です。

 B

問題 33

do-while文についての問題です。

3行目のdoブロック内のループ処理を実行してから、7行目の条件式で判定を行います。しかし、条件式で使用されている変数numは3行目からのdoブロック内で定義された変数です。4行目で宣言した変数numの有効範囲はdoブロック内となるため、7行目の条件式では使用できません。

したがって、7行目でコンパイルエラーが発生するため、選択肢Fが正解です。

```
1:    class DoWhileTest {
2:        public static void main(String[] args) {
3:            do {
4:                int num = 0;
5:                System.out.print(num);
6:                num++;
7:            } while(num < 5);
8:        }
9:    }
```

4行目
変数num
の有効範囲

OK

NG

4行目で宣言した変数numにはアクセスできないため、コンパイルエラーが発生

解答 F

問題 34

for文のネストについての問題です。

4行目で外側のfor文が定義され、5行目で内側の拡張for文が定義されています。

外側のfor文は3回ループ処理を実行し、外側のループが1回処理される間に、5行目の内側の拡張for文が実行され、配列numの全要素を順番に出力します。

したがって、実行結果は「123123123」と出力されるため、選択肢Cが正解です。

解答 C

問題 35

while文についての問題です。

3行目でカウンタ変数iが3で初期化されています。また、4～6行目のwhile文から次のことがわかります。

- 継続条件は「i >= 0」(つまり-1となったときにwhile文を抜ける)
- 5行目の出力処理の中でi--の処理が定義されている

上記2点からカウンタ変数iの値が3～0の間、繰り返されます。(4回繰り返し)

また、5行目の出力はSystem.out.print()の中で「i--」と定義されているため、

❶ カウンタ変数iの値を出力
❷ その後、iの値をマイナス1

の順序で処理されるため、「3 2 1 0」が出力されます。

したがって、選択肢Aが正解です。

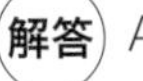

A

問題 36

インタフェースについての問題です。

1行目のAppインタフェースを実装したSquareクラスが4行目、Cubeクラスが9行目に定義されています。どちらのクラスも2行目のfunc()メソッドをオーバーライドし各クラスごとに実装しています。

16行目の左辺でAppインタフェース型の配列名を宣言し、右辺は配列の初期値としてそれぞれのオブジェクトを生成しています。16行目のApp型配列aryは「Appインタフェースを実装したオブジェクトを格納する配列」となります。つまり、Cubeクラスや Squareクラスのオブジェクトを配列に格納することができます。

17行目からの拡張for文で、配列aryから要素であるオブジェクトを取り出し、func()メソッドを呼び出しているため、Cubeクラスのfunc()メソッドの結果である「8」、Squareクラスのfunc()メソッドの結果の「4」が出力されます。

したがって、選択肢Cが正解です。

C

問題 37

オーバーライドについての問題です。

各選択肢の解説は、以下のとおりです。

選択肢A

4行目のgetBalance()メソッドは引数1つのメソッドです。オーバーライドは、スーパークラスと引数の数を合わせる必要があるため、不正解です。

選択肢B

4行目のgetBalance()メソッドの戻り値は、long型です。オーバーライドは、スーパークラスと戻り値の型を合わせる必要があるため、不正解です。

選択肢C

アクセス修飾子は、オーバーライド元のメソッドと同じか公開範囲が広いものを指定します。4行目のgetBalance()メソッドはpublicが指定されているため、正解です。

選択肢D

サブクラスでオーバーライドを行う際にstatic修飾子を指定すると、コンパイルエラーが発生します。static修飾子をつけたメソッドは、それぞれのクラスのstaticメソッドとなるため、オーバーライドはできません。したがって、不正解です。

 C

問題 38

 **参照型の型変換**についての問題です。

問題のコードでは、1行目以降でTestクラスを定義しています。また、6行目以降でExTestクラスを定義していますが、ExTestクラスはTestクラスを継承していません。

つまり、11行目のオブジェクト生成は左辺のTest型と右辺のExTest型は継承関係のないクラスのインスタンス化となるため、コンパイルエラーが発生します。したがって、選択肢Cが正解です。

 C

問題 39

 **インタフェース**についての問題です。

インタフェースを宣言する場合、インタフェース内には定数や実装を持たないメソッドを定義することが可能です。また、コンパイル時に暗黙的に定数にはpublic static final修飾子が指定され、メソッドにはpublic abstract修飾子が指定されます。そのため、インタフェースを実装するクラス側でインタフェースのメソッドをオーバーライドする場合にはアクセス修飾子publicを指定する必要があります。オーバーライドするクラス側で対象のメソッドよりも公開範囲の狭いアクセス修飾子を指定することはできません。

FlashLightインタフェースを実装しているPortableRadioクラスでは6行目と9行目でインタフェースのメソッドをオーバーライドしていますが、publicを指定していないためコンパイルエラーが発生します。

したがって、選択肢Dが正解です。

 D

問題 40

オーバーロードについての問題です。

オーバーロードは、同じクラス内に「同じ名前」で「引数の型や数が異なる」メソッドを複数定義することです。

オーバーロードの定義では、戻り値の型については問いません。

各選択肢の解説は、以下のとおりです。

選択肢A、D

同じメソッド名、引数を2行目のメソッドとは異なりchar型やlong型の引数として定義しているためオーバーロードの条件を満たしています。したがって、正解です。

選択肢B、C、E

戻り値の型は異なりますが、メソッド名と引数の型（int型）、数（1つ）が2行目のメソッドと同じとなります。つまり、同一クラス内に同じシグネチャのメソッドが複数定義されているためコンパイルエラーが発生します。したがって、不正解です。

 A、D

問題 41

Javaテクノロジについての問題です。

Javaのエディションの特徴は、以下のとおりです。

｜表｜ **Javaのエディション**

エディション	正式名	特徴
Java SE	Java Platform, Standard Edition	Java言語の基礎となる標準的な機能をまとめたエディション
Java EE	Java Platform, Enterprise Edition	Webアプリケーションや大規模な業務アプリケーションの開発用
Java ME	Java Platform, Micro Edition	家電製品や携帯電話などの組み込み機器の開発用

したがって、エディションの説明として正しい組み合わせは、選択肢Dです。

 D

問題 42

for文のネストについての問題です。

変数iが0のときは、4〜6行目のループの条件には該当せず、7行目で「/」を出力し、3行目のfor文で変数iが1にインクリメントされます。

変数iが1のときは、変数jが0となり、4〜6行目のforループを1回処理し、5行目で「*」を出力します。

その後、再び7行目で「/」を出力し、3行目のfor文で変数iが2にインクリメントされます。

変数iが2のときは、変数jが0〜1まで変化するため、4〜6行目のforループを2回処理し、「*」を2回出力します。

その後、再び7行目で「/」を出力し、3行目の条件式がfalseになるためプログラムを終了します。

したがって、実行結果は「/*/**/」と出力されるため、選択肢Bが正解です。

外側のループ(3〜8行目) 変数i	内側のループ(4〜6行目) 変数j	4行目 j < i	出力 「*」(5行目) 「/」(7行目)
0	0	false	「/」
1	0	true	「*」
	1	false	「/」
2	0	true	「*」
	1	true	「*」
	2	false	「/」

出力

B

問題 43

演算子の優先順位についての問題です。

3行目で初期化した変数iを4行目で出力しています。

まず、i += 2は、i = i + 2が実行されるため「7」が出力されます。次にi++と定義されているため、次の順序で実行されます。

❶ 変数iの値を出力する
❷ 変数iに1を追加する

つまり、4行目の出力では「7」が出力されます。(その後、変数iは8となる。)
したがって、選択肢Cが正解です。

 C

問題 44

 **変数の有効範囲**についての問題です。

変数の有効範囲（スコープ）の考え方は「ブロック内で宣言された変数の有効範囲はそのブロック内に限られる」となります。ブロックとは、{ }で囲まれた処理の集合です。

つまり、3行目で宣言されている変数xは、main()メソッドのブロックに属するため、有効範囲は「main()メソッド内」となります。メソッド内で利用可能な変数を「ローカル変数」と呼びます。

また、7行目のfunc()メソッドの引数で宣言されている変数yの有効範囲は「func()メソッド内」となります。

8行目では変数xとyを使って演算していますが、変数xはfunc()メソッド内で利用することができませんので、コンパイルエラーが発生します。

したがって、選択肢Dが正解です。

 D

問題 45

 **ソースファイル**についての問題です。

各選択肢の解説は、以下のとおりです。

選択肢A

ソースファイル内の定義の順番は、package文、import文、クラス定義となります。したがって、不正解です。

選択肢B

ソースファイル内にpublic修飾子を指定したクラスを定義した場合、クラス名とソースファイル名は同名にする必要があります。したがって、正解です。

選択肢C

継承禁止を意味するfinal修飾子を指定したクラスは、ソースファイル内にいくつでも定義可能です。したがって、不正解です。

選択肢D

選択肢のとおりです。したがって、正解です。

選択肢E

import文は、インポートが必要なクラスやパッケージが複数ある場合、複数定義が可能です。したがって、不正解です。

選択肢F

選択肢のとおりです。したがって、正解です。

参考

publicクラスがソースファイル内に定義されていない場合、ソースファイル名は任意です。また、publicクラスは1つのソースファイル内に1つのみ定義できます。

B、D、F

問題 46

継承についての問題です。

1行目でスーパークラスのTestクラスの定義、10行目でサブクラスのExTestクラスを定義しています。スーパークラスのTestクラス内には、変数strとfunc()メソッドが定義されており、func()メソッドはオーバーロードされています。

12行目では、サブクラスのExTestクラスのインスタンス化を行い、Testクラスの変数で参照しています。

その後、func()メソッドを呼び出していますが、引数に渡した「t.str」は2行目の変数strを指定しています。

選択肢Dのとおり、変数strはprivate修飾子が指定されているため、サブクラスからのアクセスであってもクラス外からのアクセスはできません。したがって、コンパイルエラーが発生するため、選択肢Dが正解です。

解答 D

問題 47

Javaテクノロジについての問題です。

各選択肢の解説は、以下のとおりです。

選択肢A、B、D

Javaテクノロジの説明として適切なため、不正解です。

選択肢C

すべてのエディションが無償で提供されていますので、不適切な説明です。したがって、正解です。

 C

問題 48

 **オブジェクトの生成**と**メソッドの呼び出し**についての問題です。

12行目でAppleオブジェクトを生成しています。

13行目、14行目でメソッドを呼び出しています。

13行目から呼び出された3行目のsetSeeds()メソッドは引数として受け取った10を2行目のインスタンス変数seedsに代入しています。

14行目から呼び出された6行目のprintSeeds()メソッドでは、ダブルクォーテーションで囲まれたString型の文字列とint型の変数seedsに格納されている10が連結され、出力されます。

したがって、実行結果は「This apple has 10 seeds.」と出力されるため、選択肢Aが正解です。

 A

問題 49

 **オーバーライド**についての問題です。

Employeeクラスの2行目で定義しているdisp()メソッドをEngineerクラス内の5行目でオーバーライドします。

各選択肢の解説は、以下のとおりです。

選択肢A

オーバーライドの条件を満たしているため、正常にコンパイルできます。したがって、正解です。

選択肢B、D、E

引数の数が異なるため、オーバーライドの条件を満たしていません。コンパイルエラーは発生しませんが、オーバーライドではないため、不正解です。

選択肢C

戻り値のデータ型が異なるため、オーバーライドの条件を満たしていません。コンパイルエラーが発生します。したがって、不正解です。

 A

問題 50

 **データ隠蔽**についての問題です。

データ隠蔽は、オブジェクト内の属性を外部から隠蔽する考え方です。

属性にアクセスするには操作を利用します。属性にprivate、操作にpublicを指定することで、属性を外部から隠蔽し、操作を介して属性を利用できます。

したがって、選択肢Dが正解です。

 D

問題 51

 **if文**についての問題です。

4行目でTestクラスのインスタンス化を行っています。インスタンス化の際に2行目のメンバ変数である変数flagはboolean型であるため、初期値として「false」が代入されます。

5行目にはメンバ変数flagを使ったif文を挿入する必要があります。

各選択肢の解説は、以下のとおりです。

選択肢A

=演算子は代入演算子です。文字列の"true"をboolean型変数flagに代入していますが、データ型が異なるためコンパイルエラーが発生します。したがって、不正解です。

選択肢B

==演算子は比較演算子です。しかし、変数flagはboolean型、文字列"true"はString型のため比較ができずコンパイルエラーが発生します。したがって、不正解です。

選択肢C

Testオブジェクトのメンバ変数flagはboolean型であるため、変数自体をif文の条件判断に使用することができます。したがって、正解です。

選択肢D、E

変数flagはboolean型のため、.（ドット）演算子でメソッドを呼び出すことはできません。したがって、不正解です。

 C

問題 52

 **メソッド呼び出し**についての問題です。

9行目でCalculationオブジェクトを生成しています。

インスタンス化されたCalculationオブジェクトにはint型とfloat型の引数を持つprintDataA()メソッドと、String型とint型の引数を持つprintDataB()メソッドが定義されています。

10行目では、int型、float型を引数に持つprintDataA()メソッドを呼び出し、「40.0」が出力されます。

各選択肢の解説は、以下のとおりです。

選択肢A

printDataA()メソッドと引数の数が一致していないため、コンパイルエラーが発生します。したがって、不正解です。

選択肢B

printDataA()メソッドと引数のデータ型が一致していないため、コンパイルエラーが発生します。したがって、不正解です。

選択肢C

printDataB()メソッドと引数の数とデータ型が一致しており、「Result = 15」と出力されます。したがって、正解です。

選択肢D

printDataA()メソッドと引数のデータ型が一致していないため、コンパイルエラーが発生します。したがって、不正解です。

選択肢E

printDataB()メソッドと引数のデータ型が一致していないため、コンパイルエラーが発生します。したがって、不正解です。

選択肢F

printDataA()メソッドと引数の数とデータ型が一致していないため、コンパイルエラーが発生します。したがって、不正解です。

 C

問題 53

コンストラクタと**thisキーワード**についての問題です。

コンストラクタ内から同一クラス内のオーバーロードしたコンストラクタを呼び出す場合、**this()**を使用することができます。渡した引数に応じて同一クラス内のコンストラクタを呼び出します。ただし、this()を使用する場合はコンストラクタ内の1行目に記述しなければなりません。

7行目のコンストラクタ内では、9行目でthis(value2++);と自クラスのコンストラクタ呼び出しを記述していますが、コンストラクタ内の2行目に記述しているため、コンパイルエラーが発生します。

したがって、選択肢Eが正解です。

E

問題 54

スーパークラスのコンストラクタについての問題です。

各選択肢の解説は、以下のとおりです。

選択肢A

super(balance);によって3行目のコンストラクタを呼び出すことができます。またthis.rate = rate;の処理も正常に実行されるため、コンパイルは成功します。したがって、正解です。

選択肢B、C

スーパークラスのコンストラクタを明示的に呼び出していないため、暗黙的にスーパークラスのデフォルトコンストラクタを呼び出そうとしていますが、スーパークラスでは3行目にて明示的に引数を宣言したコンストラクタを宣言しているため、デフォルトコンストラクタは生成されません。よって、スーパークラスのコンストラクタを呼び出すことができないため、コンパイルエラーが発生します。したがって、不正解です。

選択肢D

this(rate);によって、同一クラス内にあるdouble型引数を1つ宣言しているコンストラクタを呼び出していますが、SavingAccountクラス内には条件に合うコンストラクタは存在しないためコンパイルエラーが発生します。したがって、不正解です。

正解の選択肢Aのイメージ図は、以下のとおりです。

13行目

SavingAccount sa = new SavingAccount(50000, 0.05);

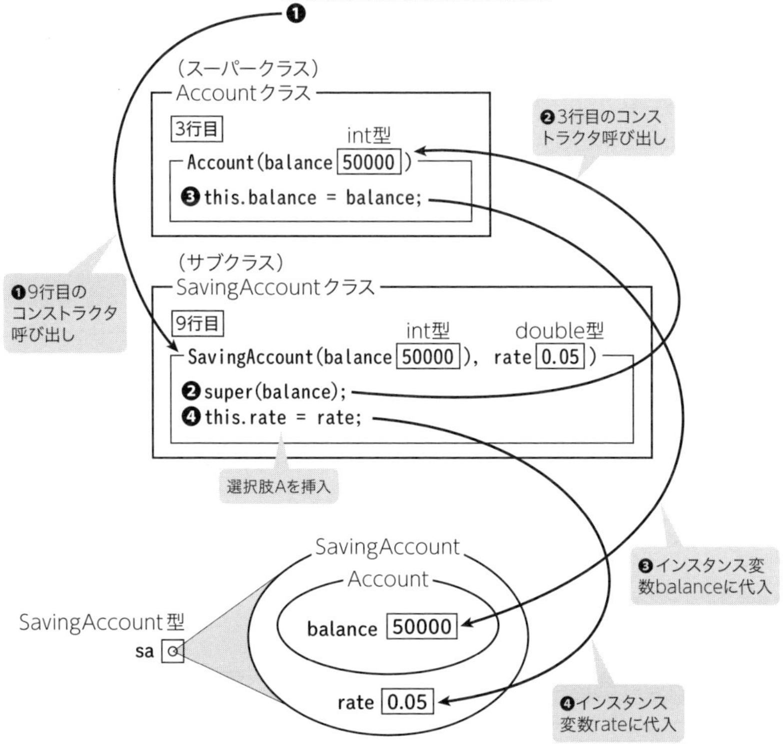

❶

(スーパークラス)
Accountクラス

3行目

int型

```
Account(balance [50000])
❸ this.balance = balance;
```

❷3行目のコンストラクタ呼び出し

(サブクラス)
SavingAccountクラス

❶9行目のコンストラクタ呼び出し

9行目

int型　double型

```
SavingAccount(balance [50000]), rate [0.05])
❷ super(balance);
❹ this.rate = rate;
```

選択肢Aを挿入

SavingAccount
Account
SavingAccount型
sa
balance 50000
rate 0.05

❸インスタンス変数balanceに代入

❹インスタンス変数rateに代入

 A

問題 55

オーバーロードについての問題です。

オーバーロードは、同じメソッド名で引数の数またはデータ型が異なる必要があります。

選択肢A

2行目のrun()メソッドと引数の数が異なるため、オーバーロードの条件を満たします。したがって、正解です。

選択肢B

2行目のrun()メソッドをオーバーライドしているため、不正解です。

選択肢C、E

2行目のrun()メソッドと引数の型が同じint型です。オーバーロードの条件を満たしません。したがって、不正解です。

選択肢D

2行目のrun()メソッドと引数のデータ型が異なるため、オーバーロードの条件を満たします。したがって、正解です。

解答 A、D

問題 56

解説 **static修飾子**についての問題です。

12行目では、CommonPartクラスをインスタンス化していますが、13行目では参照変数を指定せずにクラス名を指定してstaticメソッドを呼び出しています。

「クラス名.staticメソッド名()」はstaticメソッドの呼び出し方として正しいため、5行目のprintSize()メソッドが呼び出されます。

したがって、選択肢Bが正解です。

解答 B

問題 57

解説 **抽象クラス**についての問題です。

抽象クラスとは、抽象メソッドを定義できる抽象的なクラスで、直接インスタンス化することはできません。抽象クラスを継承したサブクラスを定義し、また抽象メソッドをサブクラスでオーバーライドして使用することができます。

したがって、選択肢Dが正解です。

その他の選択肢は、設問の文章と関連のない用語のため、不正解です。

解答 D

問題 58

解説 **コンストラクタ**についての問題です。

Marketクラスではコンストラクタがオーバーロードされています。

5行目は、戻り値の型にvoidが指定されているため、コンストラクタの宣言ではなくメソッドの宣言として認識されます。5行目はMarket()メソッドとして認識されるため、Market mk1 = new Market();を使用したオブジェクト生成を行うことはできません。よって、18行目でコンパイルエラーとなります。

したがって、選択肢Fが正解です。

 F

問題 59

 **ポリモフィズム**についての問題です。

21〜23行目では、PublicPhoneオブジェクト、MobilePhoneオブジェクト、SmartPhoneオブジェクトを生成し、各クラス型の参照変数を使用して、オブジェクトを参照しています。

24〜26行目では、各クラス型の参照変数を使用してメソッドを呼び出しています。

このような呼び出しは、ポリモフィズムの概念にもとづいた呼び出しではありません。

27行目では、PublicPhone型のオブジェクトの参照を、Phone型の変数pへ代入しています。暗黙的に型変換されるためPhone型の変数pは、Phoneクラスのメンバのみ参照します。

28行目では、変数pを使用してcall()メソッドを呼び出していますが、オーバーライドしているメソッドが優先的に呼び出されるため、PublicPhoneクラスで定義している5行目のcall()メソッドを呼び出します。

29行目では、MobilePhone型のオブジェクトの参照を、Phone型の変数pへ代入しています。暗黙的に型変換されるためPhone型の変数pは、MobilePhoneクラスのメンバのみ参照します。

30行目では、変数pを使用してcall()メソッドを呼び出していますが、オーバーライドしているメソッドが優先的に呼び出されるため、MobilePhoneクラスで定義している10行目のcall()メソッドを呼び出します。

28行目と30行目はどちらもp.call();と、同じ呼び出し方でcall()メソッドを呼び出しています。このように同じ呼び出し方でオブジェクトごとの処理を呼び出す動作が、ポリモフィズムの概念を実現する呼び出しです。

したがって、選択肢D、Eが正解です。

 D、E

問題 60

switch文についての問題です。

6行目で定義しているfor文は、array.lengthを使用しているため、5回ループします。ループ内で使用するarray[i]はループごとに 'a'、'b'、'c'、'd'、'e'をswitch文の式で使用します。

8行目と13行目のcase文の処理にはbreak文が定義されていないため、それぞれの条件に一致した場合はその次のcase文も実行されます。

したがって、実行結果は「Count = 7」と出力されるため、選択肢Dが正解です。

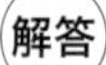

D

模擬試験 2

問題数：60問
合格ライン：60％
制限時間：65分

模擬試験2　問題

問題 1

次のコードを確認してください。

```
1: abstract class Test {
2:     public abstract void func();
3:     void disp() {
4:         System.out.print("Test");
5:     }
6: }
7: public class ExTest extends Test {
8:     // insert code here
9: }
```

コンパイルを成功させるには、ExTestクラスの8行目にどのコードを挿入しますか。1つ選択してください。

A. public abstract void func() { }
B. void disp() { }
C. void func() { }
D. public void disp() { }
E. public void func() { }

問題 2

全国に支店を持つ飲食店B社より、Webで料理の宅配を注文できるようなアプリケーションの開発を依頼されました。Javaテクノロジで提供されているどのエディションを使用すればB社の要件を満たすことができますか。2つ選択してください。

A. Java SE
B. Java EE
C. Java ME
D. Java DB
E. JavaScript

問題 3 ■■■

次のコードを確認してください。

```
public class CompareString {
    public static void main(String[] args) {
        int num1 = 10;
        int num2 = 10;
        String str1 = "JavaWorld";
        String str2 = "JavaWorld";
        String str3 = new String("JavaWorld");

        if(num1 == num2) {
            System.out.println("num1 == num2");
        }

        if(str1 == str2) {
            System.out.println("str1 == str2");
        }

        if(str1 == str3) {
            System.out.println("str1 == str3");
        }
    }
}
```

このコードをコンパイル、および実行すると、どのような結果になりますか。1つ選択してください。

A. num1 == num2
   str1 == str2

B. num1 == num2
   str1 == str2
   str1 == str3

C. num1 == num2
   str1 == str3

D. str1 == str2
   str1 == str3

問題 4

ポリモフィズムについての説明や利点として不適切なものはどれですか。2つ選択してください。

A. 実現するためにオーバーライドを使用する
B. メモリの使用量を削減できる
C. 各オブジェクトの実装の詳細を公開する必要がない
D. あるクラスを汎化してスーパークラスを定義することを防ぐことができる
E. 内部構造の違いを意識することなく同じ呼び出し方で複数のオブジェクトを利用できる

問題 5

次のコードを確認してください。

```
class MainTest {
    public static void main(double[] args) {
        System.out.println("result : " + args[0] + args[1]);
    }
    public static void main(boolean[] args) {
        System.out.println("result = " + args[2] + args[3]);
    }
    public static void main(String[] args) {
        System.out.println("result = " + args[4] + args[5]);
    }
}
```

このコードをコンパイルし、java MainTest aa bb cc dd ee というコマンドを実行すると、どのような結果になりますか。1つ選択してください。

A. `result = aabb`
B. `result = ccdd`
C. `result = eeff`
D. `result = aabb`
   `result = ccdd`
   `result = eeff`
E. 実行時に例外が発生する

問題 6

次のコードを確認してください。

```
1: public class SimpleJava {
2:     // insert code here
3:         System.out.println("My first Java application.");
4:     }
5: }
```

2行目にどのコードを挿入すれば、コンパイル、および実行が成功しますか。2つ選択してください。

A. public void main(String[] args) {
B. public static void main(String args) {
C. public static void main(String[] args) {
D. public static void main(String args[]) {
E. static void main(String args) {

問題 7

次のコードを確認してください。

```
1: class Test {
2:     public static void main(String[] args) {
3:         byte b = -100;
4:         short s = 1000;
5:         int i = -10000000;
6:         long l = 1234567890L;
7:     }
8: }
```

このコードをコンパイル、および実行すると、どのような結果になりますか。1つ選択してください。

A. 3行目でコンパイルエラーが発生する
B. 4行目でコンパイルエラーが発生する
C. 5行目でコンパイルエラーが発生する
D. 6行目でコンパイルエラーが発生する
E. コンパイル、実行に成功する

問題 8

次のコードを確認してください。

```
class Test { }
class ExTest extends Test { }
```

Testクラスのオブジェクトが生成されるのは、どのコードですか。2つ選択してください。

A. `Test t = null;`
B. `new Test();`
C. `Test t;`
D. `Test t = ExTest();`
E. `Test t = new Test();`

問題 9

次のコードを確認してください。

```
1:  public class NumberTest {
2:      public static void main(String[] args) {
3:          short s = -30000;
4:          byte b  = 150;
5:          long o  = -9876543210L;
6:          int i   = 555555555;
7:      }
8:  }
```

このコードをコンパイル、および実行すると、どのような結果になりますか。1つ選択してください。

A. 3行目でコンパイルエラーが発生する
B. 4行目でコンパイルエラーが発生する
C. 5行目でコンパイルエラーが発生する
D. 6行目でコンパイルエラーが発生する

問題 10

JVM (Java Virtual Machine) の役割として適切なものはどれですか。2つ選択してください。

A. クラスを実行する
B. バイトコードを解釈する
C. ソースファイルをロードする
D. クラスファイルを逆アセンブルする

問題 11

次のコードを確認してください。

```
class Test {
    void disp() {
        System.out.print("Test");
    }
}
class ExTest extends Test {
    public void disp() {
        System.out.print("ExTest");
    }
    public static void main(String[] args) {
        Test t = new ExTest();
        t.disp();
    }
}
```

このコードをコンパイル、および実行すると、どのような結果になりますか。1つ選択してください。

A. Test
B. ExTest
C. コンパイルエラーが発生する
D. 実行時エラーが発生する

問題 12

配列の宣言、作成を行う文として適切なものはどれですか。2つ選択してください。

A. `char aryA[] = new aryA[3];`
B. `char aryB[] = {'A'};`
C. `char[] aryC = new char(3);`
D. `char[] aryD = new char[3];`
E. `char aryE = new char[3];`
F. `char[] aryF = new char()[3];`

問題 13

次のコードを確認してください。

```
class Test {
    public static void main(String[] args) {
        int x = 3;
        boolean b1 = true;
        boolean b2 = false;
        if((x == 4) && !b2 ) {
            System.out.print("one ");
        }
        System.out.print("two ");
        if((b2 = true) && b1 ) {
            System.out.print("three ");
        }
    }
}
```

このコードをコンパイル、および実行すると、どのような結果になりますか。1つ選択してください。

A. one two three
B. two three
C. one two
D. two
E. コンパイルエラーが発生する

問題 14

値の代入式として適切なものはどれですか。2つ選択してください。

A. `int i = 10.0;`
B. `double d = 3.14D;`
C. `char c = '¥n';`
D. `boolean b = "true";`
E. `String s = 'Hello';`

問題 15

次のコードを確認してください。

```
class Test {
    int getArea(int wid) {
        return wid * wid;
    }
    double getArea(int rad) {
        return rad * rad * 3.14;
    }
    public static void main(String[] args) {
        Test t = new Test();
        System.out.print(t.getArea(3));
    }
}
```

このコードをコンパイル、および実行すると、どのような結果になりますか。1つ選択してください。

A. 9
B. 28.26
C. コンパイルエラーが発生する
D. 実行時エラーが発生する

問題 16

次のコードを確認してください。

```
class Test {
    public static void main(String[] args) {
        for (int i = 0; ; i++) {
            int j = 1;
            while (j <= 5) {
                System.out.print(j++);
            }
        }
    }
}
```

このコードをコンパイル、および実行すると、どのような結果になりますか。1つ選択してください。

A. 2345が1回のみ出力される
B. 2345が無限に出力される
C. 12345が1回のみ出力される
D. 12345が無限に出力される
E. コンパイルエラーが発生する

問題 17

コンストラクタについての説明として、適切なものはどれですか。2つ選択してください。

A. コンストラクタの戻り値の型をvoidとして定義できる
B. コンストラクタからクラス内のstaticメンバへ直接アクセスできる
C. コンストラクタにprivate修飾子を指定できる
D. コンストラクタではクラスで宣言されているすべてのメンバ変数に値を代入する必要がある

問題 18

次のコードを確認してください。

```
class DecrementTest {
    public static void main(String args[]) {
        int a = 5;
        int b = 6;

        int x = --a;
        int y = b--;

        x = y--;
        y = x--;

        System.out.println("x: " + x + " y: " + y);
    }
}
```

このコードをコンパイル、および実行すると、どのような結果になりますか。1つ選択してください。

A. x: 5 y: 6
B. x: 7 y: 7
C. x: 7 y: 6
D. x: 8 y: 9

問題 19

抽象クラスの説明として、不適切なものはどれですか。2つ選択してください。

A. 抽象クラスはインスタンス化できない
B. 抽象クラスはインタフェースを実装する必要がある
C. 抽象クラスは定数を定義できる
D. 抽象クラスは抽象変数を定義できる
E. 抽象クラスを継承するサブクラス（具象クラス）では、抽象メソッドをオーバーライドする必要がある

問題 20

次のコードを確認してください。

```
1: class Test {
2:     String name = "Bronze";
3: }
4: class ExTest extends Test {
5:     String name = "JavaSE";
6:     public void display() {
7:         System.out.print(name + ", " + /* insert code here */ );
8:     }
9:     public static void main(String[] args) {
10:        ExTest e = new ExTest();
11:        e.display();
12:    }
13: }
```

7行目にどのコードを挿入することで、コンパイルと実行が成功し、「JavaSE, Bronze」と出力されますか。1つ選択してください。

A. super().name
B. this.name
C. this().name
D. super.name
E. Test.name

問題 21

GUIベースのJavaアプリケーションを開発するために必要なエディションはどれですか。1つ選択してください。

A. Java SE
B. Java EE
C. Java ME
D. JavaScript

問題 22

次のコードを確認してください。

```
class Calc {
    public static void main(String args[]) {
        int a = 3;
        int b = 5;
        b += (a + a) * b;
        a -= b %= a;
        System.out.println("a: " + a + " b: " + b);
    }
}
```

このコードをコンパイル、および実行すると、どのような結果になりますか。1つ選択してください。

A. a: 2 b: 1
B. a: 0 b: -30
C. a: 1 b: -52
D. a: 1 b: 2

問題 23

次のコードを確認してください。

```
class Test {
    public static void main(String[] args) {
        int seeds = 7;
        int count = (seeds = 3) + seeds;
        System.out.println(count + " " + seeds);
    }
}
```

このコードをコンパイル、および実行すると、どのような結果になりますか。1つ選択してください。

A. 10 3
B. 6 3
C. 10 7
D. 6 7
E. コンパイルエラーが発生する

問題 24

継承の説明として適切なものはどれですか。1つ選択してください。

A. 同時に複数のクラスを継承したサブクラスを定義することができる
B. サブクラスではスーパークラスの変数やメソッドを利用することができる
C. サブクラスには1つ以上変数とメソッドを定義しなければならない
D. サブクラスでは、スーパークラスで定義したメソッドをすべてオーバーライドする必要がある

問題 25

次のコードを確認してください。

```
class Days {
    public static void main(String args[]) {
        String str = "Lucky";

        switch(str) {
            case "Holiday":
                System.out.print("Holiday"); break;
            case "Week" + "day":
                System.out.print("Weekday"); break;
            default:
                System.out.print(str + "day");
        }
    }
}
```

このコードをコンパイル、および実行すると、どのような結果になりますか。1つ選択してください。

A. Holiday
B. Luckyday
C. Weekday
D. Holiday Weekday
E. Holiday Weekday Luckyday
F. コンパイルエラーが発生する

問題 26

次のコードを確認してください。

```
class WhileLoop {
    public static void main(String[] args) {
        int num = 0;
        boolean flag = false;

        while(flag = true) {
            num++;
            if(num % 2 == 0)
                continue;
            if(num % 3 == 0)
                flag = false;
            if(num % 5 == 0)
                break;
            System.out.print(num);
        }
    }
}
```

このコードをコンパイル、および実行すると、どのような結果になりますか。1つ選択してください。

A. 13
B. 134
C. 01234
D. 無限ループになる
E. 何も出力されない

問題 27

サブクラスが継承するスーパークラスの構成要素はどれですか。2つ選択してください。

A. 修飾子の指定がないコンストラクタ
B. 修飾子の指定がない変数
C. public指定されたインスタンス・メソッド
D. private指定されたコンストラクタ

問題 28

Marketクラスのコンストラクタの定義として有効なものはどれですか。2つ選択してください。

A. `public Market () { }`
B. `public final Market () { }`
C. `public Market (String item) { }`
D. `private static Market () { }`
E. `private void Market () { }`

問題 29

次の配列の要素をすべて出力するコードとして、適切なものはどれですか。1つ選択してください。

```
String[] array = new String[5];
array[0] = "One";
array[1] = "Two";
array[2] = "Three";
array[3] = "Four";
array[4] = "Five";
```

A.
```
for(int i = 0; i <= array.length; i++) {
    System.out.println(array[i]);
}
```
B.
```
for(int i = 1; i < array.length; i++) {
    System.out.println(array[i]);
}
```
C.
```
for(int i = 0; i < array.length; i++) {
    System.out.println(array[i]);
}
```
D.
```
for(int i = 1; i <= array.length; i++) {
    System.out.println(array[i]);
}
```

問題 30

次のコードを確認してください。

```
 1: class Test {
 2:     public static void main(String[] args) {
 3:         String str = "null";
 4:         if(str == null) {
 5:             System.out.print("null");
 6:         } else if(str.length() == 0) {
 7:             System.out.print("0");
 8:         } else {
 9:             System.out.print("other");
10:         }
11:     }
12: }
```


このコードをコンパイル、および実行すると、どのような結果になりますか。1つ選択してください。

A. null
B. 0
C. other
D. コンパイルエラーが発生する
E. 6行目で実行時エラーが発生する

問題 31

コンパイル時に暗黙的にインポートされるパッケージはどれですか。1つ選択してください。

A. java.ioパッケージ
B. java.langパッケージ
C. java.utilパッケージ
D. java.sqlパッケージ

問題 32

次のコードを確認してください。

```
1:  class Message {
2:      public static void main(String args[]) {
3:          String message = "Hello Java";
4:          do {
5:              message =  message + "World!";
6:          } while(true);
7:      }
8:  }
```

このコードをコンパイル、および実行すると、どのような結果になりますか。1つ選択してください。

A. 1
B. 5行目でコンパイルエラーが発生する
C. 6行目でコンパイルエラーが発生する
D. 無限ループになる
E. プログラムは実行されるが、何も出力されない

問題 33

次のコードを確認してください。

```
class Number {
    public static void main(String[] args) {
        int[] num1 = {1, 2, 3}; int[] num2 = {4, 5, 6};
        int num = 0;
        for(int i = 0; i < num1.length; i++) {
            System.out.print((num += num1[i]) + " ");
            for(int j = 0; j < num2.length; j++)
                System.out.print(num2[j] + " ");
        }
    }
}
```

このコードをコンパイル、および実行すると、どのような結果になりますか。1つ選択してください。

A. 1 2 3 4 5 6
B. 1 4 5 6 2 4 5 6 3 4 5 6
C. 4 5 6 1 4 5 6 2 4 5 6 3
D. 1 4 5 6 3 4 5 6 6 4 5 6
E. コンパイルエラーが発生する

問題 34

次のコードを確認してください。

```
1:  class Test {
2:      protected void method() {
3:          System.out.println("Test");
4:      }
5:  }
6:  class ExTest extends Test {
7:      // insert code here
8:  }
```

Testクラスのmethod()メソッドをオーバーライドし、コンパイルが成功できるようにするには、ExTestクラスの7行目にどのコードを挿入しますか。2つ選択してください。

A. `void method() { }`
B. `private void method() { }`
C. `protected void method() { }`
D. `public void method() { }`

問題 35

メンバ変数を適切にカプセル化し、値が変更されないようにする宣言として、適切なものはどれですか。1つ選択してください。

A. `public final`
B. `private static`
C. `private final`
D. `public abstract`
E. `private abstract`

問題 36

次のコードを確認してください。

```
class Test {
    public static void main(String[] args) {
        for (int i = 0; i < 10; i++) {
            for (i = 5; i < 10; i++) {
                System.out.print(i);
            }
        }
    }
}
```

このコードをコンパイル、および実行すると、どのような結果になりますか。1つ選択してください。

A. 56789が1回のみ出力される
B. 56789が10回繰り返し出力される
C. 56789が1回のみ出力された後、実行時エラーが発生する
D. コンパイルエラーが発生する

問題 37

次のコードを確認してください。

```
class Account {
    int balance;

    public long getBalance(int value) {
        return balance -= value;
    }
}
```

Accountクラスのサブクラスでget Balance()メソッドをオーバーライドする場合に、適切な記述はどれですか。1つ選択してください。

A. オーバーライドを行うメソッドは、privateとして定義できる
B. オーバーライドを行うメソッドの引数の数を複数にする必要がある
C. オーバーライドを行うメソッドの戻り値の型をintにする必要がある
D. オーバーライドを行うメソッドの戻り値の型をlongにする必要がある

問題 38

ポリモフィズムの説明として、不適切なものはどれですか。1つ選択してください。

A. プログラムサイズが小さくなり、高速に実行できる
B. スーパークラスやインタフェースのメソッドをオーバーライドすることで実現する
C. 継承関係やインタフェース実装関係が使用される
D. Java言語では、ポリモフィズムの概念を参照型の型変換を使用することによって実現できる
E. ポリモフィズムの利点として、各オブジェクトの実装の詳細を知らなくても利用できることが挙げられる

問題 39

次のコードを確認してください。

```
 1:  class Test { }
 2:  class ExTest extends Test {
 3:      public static void main(String[] args) {
 4:          Test t1 = new Test();
 5:          ExTest ex1 = new ExTest();
 6:          ExTest ex2 = (ExTest)t1;
 7:          Object obj = (Object)t1;
 8:          String s = (String)t1;
 9:          Test t2 = (Test)ex1;
10:      }
11:  }
```

このコードをコンパイルすると、何行目でコンパイルエラーが発生しますか。1つ選択してください。

A. 6行目
B. 7行目
C. 8行目
D. 9行目

問題 40

次のコードを確認してください。

```
class SwitchTest {
    public static void main(String args[]) {
        String str = "A";
        switch(str + "B") {
            case "A"  : System.out.print("A");  break;
            case "B"  : System.out.print("B");  break;
            case "AB" : System.out.print("AB"); break;
            default   : System.out.print("default");
        }
    }
}
```

このコードをコンパイル、および実行すると、どのような結果になりますか。1つ選択してください。

A. AB
B. default
C. 実行時エラーが発生する
D. コンパイルエラーが発生する

問題 41

次のコードを確認してください。

```
1:  class Account {
2:      double printInterest() {
3:          return 0.01;
4:      }
5:  }
6:  class SavingAccount extends Account {
7:      // insert code here
8:  }
```

7行目にどのコードを挿入すれば、printInterest() メソッドをオーバーライドできますか。1つ選択してください。

A.
```
void printInterest() {
    System.out.println("0.05");
}
```
B.
```
public void printInterest() {
    System.out.println("0.05");
}
```
C.
```
private double printInterest() {
    return 0.05;
}
```
D.
```
public double printInterest() {
    return 0.05;
}
```
E.
```
double printInterest(double interest) {
    return interest;
}
```


問題 42

次のコードを確認してください。

```
class Operator {
    public static void main(String args[]) {
        boolean b1 = true, b2 = false, b3 = true, b4 = false;
        System.out.println(b1 && b3 && !((b2) || (b3)));
    }
}
```

このコードをコンパイル、および実行すると、どのような結果になりますか。1つ選択してください。

A. true
B. false
C. truefalsetrue
D. コンパイルエラーが発生する

問題 43

次のコードを確認してください。

```
 1: class Car {
 2:     public void turn(int speed) {
 3:         System.out.println("The car is turning by " + speed + " km/h.");
 4:     }
 5:     // insert code here
 6:         System.out.println("The car is turning " + direction + " by " + speed + " km/h.");
 7:     }
 8:     public static void main(String[] args) {
 9:         Car car = new Car();
10:         car.turn(15, 'L');
11:     }
12: }
```

5行目にどのコードを挿入すれば「The car is turning L by 15 km/h.」と出力できますか。1つ選択してください。

A. `public void turn(int speed, String direction) {`
B. `public void turn(int speed) {`
C. `public String turn(int speed) {`
D. `public void turn(int speed, char direction) {`
E. `public void turn(byte speed, char direction) {`

問題 44

メソッドのシグネチャの構成として適切なものはどれですか。4つ選択してください。

A. メソッド名
B. 戻り値の型
C. 修飾子
D. 引数の型
E. 引数の数
F. 引数の名前
G. 引数の順序

問題 45

次のコードを確認してください。

```
1:  public class CommonPart {
2:      /* insert code here */ String color;
3:      public static void main(String[] args) {
4:          paint("red");
5:          System.out.println(color);
6:      }
7:      /* insert code here */ void paint(String col) {
8:          color = col;
9:      }
10: }
```

2行目と7行目にどの修飾子を挿入すれば、「red」と出力できますか。1つ選択してください。

A. 2行目：public
   7行目：static
B. 2行目：private
   7行目：static
C. 2行目：static
   7行目：static
D. 2行目：final
   7行目：static
E. 修飾子は必要ない

問題 46

ポリモフィズムの説明として、適切なものはどれですか。1つ選択してください。

A. メモリの使用量を削減できる
B. 安定性が高まり、再利用性が低下する
C. 各オブジェクトの実装の詳細を公開することで開発スピードが上がる
D. 内部構造の違いを意識することなく同じ呼び出し方法でオブジェクトを利用できる
E. あるクラスを汎化してスーパークラスを定義することを防ぐことができる

問題 47

次のコードを確認してください。

```
1: class Apple {
2:     int seeds;
3:     void setSeeds(int seeds) {
4:         this.seeds = seeds;
5:     }
6:     int getSeeds() {
7:         return seeds;
8:     }
9: }
```

Appleクラスにデータ隠蔽の概念を適用する場合に、2行目、3行目、6行目に指定する適切な修飾子の組み合わせはどれですか。1つ選択してください。

A. 2行目：public　3行目：public　6行目：public
B. 2行目：public　3行目：public　6行目：private
C. 2行目：public　3行目：private　6行目：private
D. 2行目：private　3行目：private　6行目：private
E. 2行目：private　3行目：private　6行目：public
F. 2行目：private　3行目：public　6行目：public
G. 何も指定しない

問題 48

次のコードを確認してください。

```
class Test {
    public static void main(String[] args) {
        String[] ary = {"0", "1", "2"};
        for(int i = 0; i < 2; ++i) {
            for(String s : ary) {
                System.out.print(ary[i]);
            }
        }
    }
}
```

このコードをコンパイル、および実行すると、どのような結果になりますか。1つ選択してください。

A. 012012
B. 0101
C. 0011
D. 000111
E. コンパイルエラーが発生する
F. 実行時エラーが発生する

問題 49

次のコードを確認してください。

```
public class Display {
    public void dispValue(int num1, int num2) {
        System.out.println("Result : " + num1 + num2);
    }
    public void dispValue(int num1, int num2, int num3) {
        System.out.println("Result : " + (num1 + num2 + num3));
    }
    public static void main(String[] args) {
        Display dis = new Display();
        dis.dispValue(10, 30);
        dis.dispValue(10, 30, 50);
    }
}
```

このコードをコンパイル、および実行すると、どのような結果になりますか。1つ選択してください。

A. Result : 40
   Result : 90
B. Result : 1030
   Result : 90
C. Result : 40
   Result : 103050
D. Result : 1030
   Result : 103050
E. コンパイルエラーが発生する

問題 50

次のコードを確認してください。

```
class Test {
    public static void main(String[] args) {
        int[] t = {1, 2, 3};
        int count = 2;
        while(count >= 0) {
            System.out.print(t[count--] + " ");
        } do;
    }
}
```

このコードをコンパイル、および実行すると、どのような結果になりますか。1つ選択してください。

A. 3 2 1
B. 2 1
C. コンパイルエラーが発生する
D. 配列の範囲外アクセスで実行時エラーが発生する

問題 51

次のコードを確認してください。

```
class Test {
    private String name;
    int id;
    Test(String name, int id) {
        this.name = name;
        this.id = id;
    }
    public void disp() {
        System.out.print(name + ":" + id);
    }
}
class ExTest extends Test { }
```

TestクラスからExTestクラスに継承される要素はどれですか。2つ選択してください。

A. 変数name
B. 変数id
C. Testコンストラクタ
D. disp()メソッド

問題 52

次のコードを確認してください。

```
interface Touchpanel { }
interface WiFi { }
class Phone { }
```

SmartPhoneクラスの定義として正しいものはどれですか。1つ選択してください。

A. public class SmartPhone implements Phone extends Touchpanel, WiFi { }
B. public class SmartPhone extends Phone implements Touchpanel, WiFi { }
C. public class SmartPhone extends Touchpanel, WiFi implements Phone { }
D. public class SmartPhone implements Touchpanel, WiFi extends Phone { }
E. public class SmartPhone extends Phone implements Touchpanel implements WiFi { }

問題 53

com.abc.commonパッケージに属するPatternインタフェースをインポートするには、どのimport文が適切ですか。2つ選択してください。

A. import com.abc.*;
B. import com.abc.common.*;
C. import com.abc.common.Pattern;
D. import Pattern.common.abc.com;

問題 54

次のコードを確認してください。

```
class Employee {
    int empNo;
    public void disp() {
        System.out.println("empNo : " + empNo);
    }
}
class Sales extends Employee {
    String custName;
    public void disp() {
        super.disp();
        System.out.println("custName : " + custName);
    }
}
public class Company {
    public static void main(String[] args) {
        Employee emp = new Employee();
        Sales sal = new Sales();

        emp.empNo = 100;
        sal.custName = "Best Company";

        sal.disp();
    }
}
```

このコードをコンパイル、および実行すると、どのような結果になりますか。1つ選択してください。

A. empNo : 100

B. custName : Best Company

C. empNo : 0
   custName : Best Company

D. empNo : 100
   empNo : 100
   custName : Best Company

E. コンパイルエラーが発生する

問題 55 □□□

継承の説明として適切なものはどれですか。2つ選択してください。

A. サブクラスをさらに継承できる
B. 1つのスーパークラスは複数のサブクラスを持つことができる
C. 1つのサブクラスは同時に複数のサブクラスを継承できる
D. サブクラスはスーパークラスのメンバをすべて継承する

問題 56 □□□

次のコードを確認してください。

```
class Nest {
    public static void main(String[] args) {
        int num[][] = { { 0, 1, 2 }, { 3, 4, 5 }, { 6, 7, 8 } };
        int i = 0;
        label:
        while(true) {
            int j = 0;
            while(j < 3) {
                System.out.print(num[i][j]);
                j++;
                if(i == 1) break label;
            }
            i++;
        }
    }
}
```

このコードをコンパイル、および実行すると、どのような結果になりますか。1つ選択してください。

A. 01
B. 012
C. 0123
D. コンパイルエラーが発生する
E. 実行時に例外が発生する

問題 57

次のコードを確認してください。

```
class Coffee {
    void drip() {
        System.out.println("Coffee");
    }
}
public class CaffeMocha extends Coffee {
    void addMilk() {
        System.out.println("CaffeMocha");
    }
    public static void main(String[] args) {
        Coffee cof = new CaffeMocha();
        cof.addMilk();
        CaffeMocha moc = (CaffeMocha) cof;
        moc.drip();
    }
}
```

このコードをコンパイル、および実行すると、どのような結果になりますか。1つ選択してください。

A. Coffee
B. CaffeMocha
C. コンパイルエラーが発生する
D. 実行時に例外がスローされる

問題 58

Javaプログラミング言語に関して適切なものはどれですか。3つ選択してください。

A. プログラマは、メモリに対するポインタを直接操作できる
B. 分散プログラミング言語である
C. 単一スレッドのアプリケーションのみをサポートする
D. アーキテクチャに依存しない
E. コンパイルされて実行される
F. プラットフォームに依存する

問題 59

abstract修飾子を指定できる要素はどれですか。3つ選択してください。

A. 変数
B. クラス
C. インタフェース
D. パッケージ
E. メソッド

問題 60

次のコードを確認してください。

```
import com.abc.common.Pattern;
package com.abc.test;

class Item implements Pattern {
    private String itemName;

    public void setItemName(String itemName) {
        this.itemName = itemName;
    }
    public String getItemName() {
        return itemName;
    }
}
```

com.abc.commonパッケージに属するPatternインタフェースをインポートし、Itemクラスをcom.abc.testにパッケージ宣言する必要があります。このコードについて適切な説明はどれですか。1つ選択してください。

A. コンパイル、および実行できる
B. パッケージ宣言が不正なため、コンパイルエラーが発生する
C. 実行時に例外がスローされる
D. インタフェースのインポートが不正なため、コンパイルエラーが発生する

模擬試験2　解答と解説

問題 1

抽象クラスについての問題です。

抽象クラスのポイントは、以下のとおりです。

- クラス名にabstract修飾子を指定
- 抽象メソッドが定義可能（abstract修飾子の指定は明示的に行う）
- 具象（処理を持つ）メソッドの定義も可能

抽象クラスを継承したサブクラスでは、抽象メソッドのオーバーライドが必要となります。

抽象クラスのTestクラスでは、2行目のfunc()メソッドが抽象メソッドとして定義されているため、サブクラスのExTestクラスではオーバーライドが必要となります。また、2行目のfunc()メソッドはpublic修飾子が指定されているため、オーバーライド側のメソッドでもpublic修飾子の指定が必要です。

したがって、選択肢Eが正解です。

 E

問題 2

Javaテクノロジについての問題です。

Javaテクノロジを使用してWebアプリケーションを開発するためにJava EEのエディションで提供されているサーブレット、JSP、EJBなどのテクノロジを使用することができます。

また、Java EEを使用するにはJava SEも必要です。

したがって、選択肢A、Bが正解です。

 A、B

問題 3

文字列比較についての問題です。

3～4行目では、変数num1、変数num2を宣言し、それぞれ10で初期化しています。

5行目では、"JavaWorld"の文字列を持ったStringオブジェクトを生成しています。Stringクラスは、「String 変数名 = 文字列」と宣言するだけで、Stringオブジェクトを生成することができます。

6行目では、5行目と同一の"JavaWorld"の文字列を値として使用しています。

7行目では、Stringクラスのコンストラクタを呼び出して、"JavaWorld"の文字列を保持したStringオブジェクトを生成しています。

9行目のif文は変数num1と変数num2を==演算子を使用してint型の値を比較しています。==演算子は左辺と右辺の値が等しい場合にtrueになります。

変数num1と変数num2には、どちらも10を代入しているため、==演算子による判定はtrueになり、10行目が実行されます。

13行目のif文は変数str1と変数str2を==演算子を使用してString型の参照を比較しています。String型は参照型のため==演算子を使用した比較を行うと、値の比較ではなく同一参照かどうかの比較が行われます。

変数str1と変数str2はどちらも"JavaWorld"の文字列であるため同一参照扱いになり、==演算子による判定はtrueになり、14行目が実行されます。

17行目のif文は変数str1と変数str3を==演算子を使用してString型の値を比較しています。

コンストラクタを使用した場合には同一の文字列を保持していても、新規のStringオブジェクトが生成されます。よって、変数str1と変数str3は異なる参照情報を保持するため、==演算子による判定はfalseになり、18行目は実行されません。

したがって、実行結果は「num1 == num2」「str1 == str2」と出力されるため、選択肢Aが正解です。

A

問題 4

ポリモフィズムについての問題です。

選択肢A、C、E

ポリモフィズムに関する適切な説明であるため、不正解です。

選択肢B

ポリモフィズムはメモリの使用量を削減するための概念ではないため、正解です。

選択肢D

ポリモフィズムとは無関係な内容となるため、正解です。

B、D

問題 5

main()メソッドと**コマンドライン引数**についての問題です。

javaコマンドは実行時に指定したクラスに定義されているmain()メソッドを呼び出し、処理を開始します。main()メソッドは以下のように宣言します。

```
public static void main(String[] args)
```

javaコマンドによって呼び出されるmain()メソッドは、8行目のmain()メソッドです。2行目、5行目のmain()メソッドはString配列型の引数を宣言していないため、明示的に呼び出しを行わない限り、実行されません。

よって、8行目が実行されると、args[4]とargs[5]を出力する9行目のコードが実行されます。args[4]にはコマンドライン引数で5つ目に指定した"ee"が格納されています。args[5]に格納する値は実行時に指定していないため、args[5]の要素は存在しません。存在しない要素を指定したことで実行時に例外が発生します。

したがって、選択肢Eが正解です。

 E

問題 6

main()メソッドについての問題です。

Javaアプリケーションには必ず1つのmain()メソッドが定義されている必要があり、以下のように宣言する必要があります。

```
public static void main(String[] args) {
    // 処理
}
```

各選択肢の解説は、以下のとおりです。

選択肢A

static修飾子が指定されていないため、不正解です。

選択肢B

引数がString配列型ではなく、String型変数として宣言されているため、不正解です。

選択肢C

上記に挙げたとおり、main()メソッドとして必要な条件を満たしているため、正解です。

選択肢D

main()メソッドの引数は「String型の配列」を宣言する必要があります。Java言語の文法として、配列の宣言は「型名[] 配列名」であっても「型名 配列名[]」でも定義としては正しいため、正解です。

選択肢E

public修飾子が指定されていないため、不正解です。

解答 C、D

問題 7

解説 **基本データ型**についての問題です。

3～6行目の基本データ型の変数初期化は正しい定義のため、コンパイルエラーは発生しません。

したがって、選択肢Eが正解です。

解答 E

問題 8

解説 **オブジェクトの生成**についての問題です。

オブジェクトは、クラスをnewキーワードでインスタンス化することで生成されます。

各選択肢の解説は、以下のとおりです。

選択肢A

Test型の変数を定義していますが、右辺ではnullを代入しているためオブジェクトは生成されていません。したがって、不正解です。

選択肢B

newキーワードを使用しTestオブジェクトを生成しています（ただし、生成したオブジェクトを変数に代入していないため、一時的な生成となります）。したがって、正解です。

選択肢C

変数の定義のみとなるためオブジェクトは生成されていません。したがって、不正解です。

選択肢D

右辺でExTestクラスのコンストラクタを呼び出していますが、newキーワードが定義されていないため、コンパイルエラーが発生します。したがって、不正解です。

選択肢E

Test型の変数を定義し、右辺でTestオブジェクトを生成しています。したがって、正解です。

 B、E

問題 9

 **Javaのデータ型**についての問題です。

数値や文字を扱うには基本データ型を使用します。

整数型はbyte、short、int、longの4つのデータ型があり、それぞれのデータ型で扱うことのできる値の範囲が異なります。

各選択肢の解説は、以下のとおりです。

選択肢A

3行目で使用しているshort型の範囲は−32,768～32,767です。

−30,000は、範囲内であるためコンパイルエラーは発生しません。したがって、不正解です。

選択肢B

4行目で使用しているbyte型の範囲は−128～127です。

150は、範囲外であるためコンパイルエラーが発生します。したがって、正解です。

選択肢C

5行目で使用しているlong型の範囲は−9,223,372,036,854,775,808～9,223,372,036,854,775,807です。

−9876543210Lは、範囲内であるためコンパイルエラーは発生しません。したがって、不正解です。

選択肢D

6行目で使用しているint型の範囲は−2,147,483,648～2,147,483,647です。

555,555,555は、範囲内であるためコンパイルエラーは発生しません。したがって不正解です。

 B

問題 10

 **JVM (Java Virtual Machine)** についての問題です。

JVM (Java Virtual Machine) とはJavaのクラスをロードし、実行するためのソフトウェアです。コンパイルによって生成されたJavaバイトコードをプラットフォーム固有のネイティブコードに変換しながら実行します。

各選択肢の解説は、以下のとおりです。

選択肢A、B

JVMはjavaコマンドによってクラスファイルを実行すると、指定されたクラスファイルをロードし、クラスファイル内のバイトコードを解釈しながら実行します。したがって、正解です。

選択肢C

JVMはソースファイルではなくクラスファイルをロードするため、不正解です。

選択肢D

JVMに逆アセンブルの役割はないため、不正解です。

 A、B

問題 11

 **ポリモフィズム**についての問題です。

1行目でスーパークラスのTestクラスを定義し、6行目でサブクラスのExTestクラスを定義しています。また、7行目のdisp()メソッドはスーパークラスのメソッドをオーバーライドしています。

11行目ではTest型変数tを定義し、右辺でサブクラスのExTestクラスのインスタンス化を行っています。

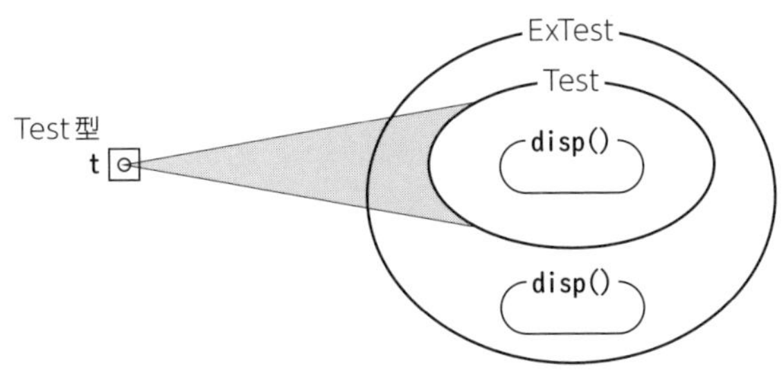

12行目でdisp()メソッドを呼び出していますが、結果としては7行目のオーバーライド側のdisp()メソッドが呼び出されるため、「ExTest」が出力されます。したがって、選択肢Bが正解です。

解答 B

問題 12

配列についての問題です。

配列宣言の構文は、以下のとおりです。

構文

```
データ型[] 配列名 = new データ型[要素数];
データ型 配列名[] = new データ型[要素数];
```

この構文として適切なものは、選択肢Dです。

配列の初期化を行う構文は、以下のとおりです。

構文

```
データ型[] 配列名 = { 要素1, 要素2, 要素3, …};
データ型 配列名[] = { 要素1, 要素2, 要素3, …};
```

この構文として適切なものは、選択肢Bです。
したがって、選択肢B、Dが正解です。

解答 B、D

問題 13

if文についての問題です。
6行目では&&の論理積を使用して条件判定を行っています。

6行目 `if((x == 4) && !b2 ) {`

false
※左辺がfalseの時点で右辺の結果に関係なく
最終的な結果は「false」となるため、右辺は判断しない

→ 6行目のif文は「false」
(何も出力されない)

6行目のif文が8行目で完結するため、9行目の「two」の出力は常に行われます。その後、10行目のif文の条件判定を行います。

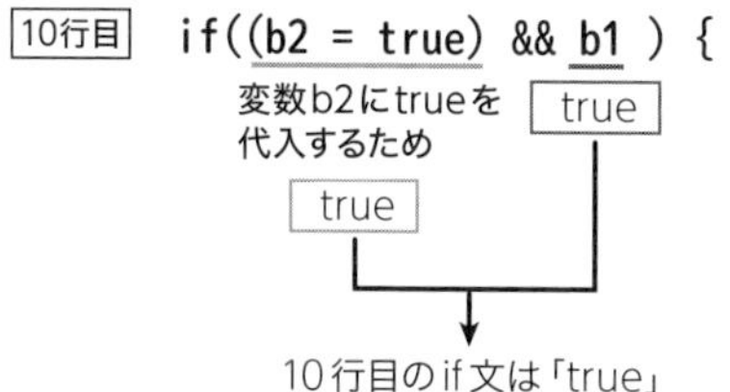

したがって、「two three 」と出力されるため、選択肢Bが正解です。

解答 B

問題 14

解説 **Javaのデータ型**についての問題です。

各選択肢の解説は、以下のとおりです。

選択肢A

int型の変数iに小数部を持つ値10.0を代入しています。整数を扱うint型の変数に、小数点を含む値を代入することはできません。明示的なキャストを行わない限りコンパイルエラーが発生します。したがって、不正解です。

選択肢B

double型の変数dに小数部を持つ値3.14Dを代入しているため正常にコンパイルできます。double型のリテラルであることを明示するためにDまたはdを数値の後ろに指定することができます。したがって、正解です。

選択肢C

char型の変数cに「改行」を表す特殊文字である'¥n'を代入しているため、正常にコンパイルできます。したがって、正解です。

選択肢D

boolean型の変数bに文字列の"true"を代入しているためコンパイルに失敗します。boolean型は、trueもしくはfalseのリテラルのみ扱えます。したがって、不正解です。

選択肢E

String型の変数sにシングルクォーテーションで囲んだ'Hello'を代入しているため、コンパイルに失敗します。String型はダブルクォーテーションで囲んだ文字列を代入できます。したがって、不正解です。

解答 B、C

問題 15

解説 **オーバーロード**についての問題です。

Testクラスには、同じ名前のメソッド（getArea()）が2つ定義されています。ただし、同一クラス内に同じ名前のメソッドを複数定義するオーバーロードは次の条件を満たす必要があります。

- 引数の型や数が異なるように定義する

これは、メソッドの呼び出し時には「メソッド名と引数の型と数（メソッドのシグネチャ）」をもとにどのメソッドを呼び出すか判断するためです。

問題のコードは、戻り値の型宣言は異なりますが、2行目と5行目のgetArea()メソッドは引数の型（int型）や数（1つ）がまったく同じであるため、10行目での呼び出し時にどちらを呼び出すか判断することができません。この結果、同じシグネチャのメソッドが複数定義されることになるためコンパイルエラーが発生します。

したがって、選択肢Cが正解です。

C

問題 16

for文と**while文**についての問題です。

3行目のようにfor文において、条件式の定義を行わなかった場合は無限ループとなります。無限ループで実行される処理は次の箇所です。

- 4行目のカウンタ変数jの初期化
- 5～7行目のwhile文（1～5を出力する）

つまり、問題のコードでは12345を無限に繰り返す出力が行われます。

したがって、選択肢Dが正解です。

D

問題 17

コンストラクタについての問題です。

各選択肢の解説は、以下のとおりです。

選択肢A

コンストラクタはオブジェクトの初期化を行う処理ブロックです。したがって、「戻り値」を扱うことはできません。戻り値の型宣言をvoidで行うとコンストラクタではなく、メソッドとして認識されます。したがって、不正解です。

選択肢B

コンストラクタ内の初期化処理でクラス内のstatic変数を呼び出すことは可能です。したがって、正解です。

選択肢C

コンストラクタにはprivate修飾子を指定できます。privateコンストラクタを定義すると自クラス内からのみインスタンス化が可能となります。したがって、正解です。

選択肢D

コンストラクタ内ではメンバ変数の初期化処理を行えますが、常にすべての変数を初期化する必要はありません。したがって、不正解です。

参考

コンストラクタ内で初期化されなかったメンバ変数は暗黙的に下記の値で初期化されます。

メンバ変数の型	初期値
byte	0
short	0
int	0
long	0L
float	0.0f
double	0.0D
char	'¥u0000'（空文字）
boolean	false
参照型（String型など）	null

B、C

問題 18

インクリメント演算子、**デクリメント演算子**についての問題です。

6行目では、デクリメント演算子を変数aの前に配置しています。この場合は変数aをデクリメントしてから変数xに代入するため、変数xの値は4になります。

7行目では、デクリメント演算子を変数bの後ろに配置しています。この場合は変数bの値を変数yに代入してから変数bの値をデクリメントするため、変数yの値は6になります。

9行目では、変数xに変数yの値を代入してから変数yの値をデクリメントするため、9行目の処理が終了した時点で変数xは6、変数yは5を保持します。

10行目では、変数yに変数xの値を代入してから変数xの値をデクリメントするため、10行目の処理が終了した時点で変数xは5、変数yは6を保持します。

したがって、実行結果は「x: 5 y: 6」と出力されるため、選択肢Aが正解です。

 A

問題 19

 **抽象クラス**についての問題です。

選択肢A、C、Eは、抽象クラスの説明として適切なため、不正解です。

選択肢B、Dのような仕様は存在しないため、正解です。

 B、D

問題 20

 **スーパークラスメンバへのアクセス**についての問題です。

サブクラスからスーパークラスのメンバへアクセスする場合は、「super.変数名」か「super.メソッド名()」を使用します。

問題のコードでは、出力結果を「JavaSE, Bronze」とする場合、7行目のサブクラスのdisplay()メソッドから、2行目のスーパークラス変数nameの値を取得する必要があります。したがって、選択肢Dが正解です。

 D

問題 21

 **Javaテクノロジ**についての問題です。

設問の中に「GUIベースのJavaアプリケーション」とあるため、java.awtパッケージやjavax.swingパッケージのライブラリが必要になります。いずれもJDKをインストールすれば同梱されているライブラリであるため、使用するエディションはJava SEとなります。

Java SEは、Javaプログラムの基礎となる機能を提供するエディションです。GUI

関連のライブラリ以外にも、ネットワーク、スレッド、データベースアクセスなど豊富な種類のライブラリが用意されています。
　したがって、選択肢Aが正解です。

 A

問題 22

 **演算子の優先順位**についての問題です。
　5行目は以下のように実行されます。

- a + aが実行され、6の値が求められる
- 6 * bが実行され、30の値が求められる
- b += 30により、変数bに35が代入される

　6行目では、3つの変数を%=や-=といった複合演算子で結合した処理になっていますが、複合演算子は右結合になるため、以下のように実行されます。

- b %= aが評価され、変数bに2が代入される
- a -= bが評価され、変数aに1が代入される

　したがって、7行目では「a: 1 b: 2」と出力されるため、選択肢Dが正解です。

 D

問題 23

 **代入演算子**についての問題です。
　4行目では、3行目で初期化を行った変数seedsを使って演算を行っています。4行目でまず実行されるのは()内の処理である(seeds = 3)です。つまりこの時点で、3行目で初期化された変数seedsが7から3へ上書きされます。
　4行目の代入演算は、以下のようになります。

```
4:          int count = 3 + 3;  // 変数seedsが3に上書きされているため
```

　この演算の結果、変数countには6が代入されます。
　5行目では、変数countと変数seedsの出力を行っています。変数seedsは4行目で3に上書きされた状態であるため、「6 3」と出力されます。
　したがって、選択肢Bが正解です。

解答 B

問題 24

継承についての問題です。

各選択肢の解説は、以下のとおりです。

選択肢A

Java言語では1つのクラスが同時に複数のスーパークラスを継承する「多重継承」を禁止しています（単一継承のみ）。したがって、不正解です。

選択肢B

継承を行うと、スーパークラスのメンバがサブクラスに引き継がれ、利用可能となります。したがって、正解です。

選択肢C

サブクラスにおける定義の制約はありません。したがって、不正解です。

選択肢D

オーバーライドはすべてのメソッドに対して行う必要はありません。したがって、不正解です。

解答 B

問題 25

switch文についての問題です。

3行目では、String型の変数strを"Lucky"で初期化し、5行目のswitch文の定数式として変数strを使用しています。

6行目と8行目のcase文で変数strと比較する文字列を定義しています。文字列は+演算子で連結され、「case "weekday":」という構文となるため、8行目のcase文でコンパイルエラーは発生しません。

5行目のswitch文が実行されると、変数strに代入されている"Lucky"と一致するcase文へ制御が移ります。しかし、一致するcase文が存在しないため10行目のdefault文に制御が移ります。

11行目では、変数strと"day"が連結され、「Luckyday」が出力されます。

したがって、選択肢Bが正解です。

解答 B

問題 26

while文についての問題です。

6行目のwhile文は、条件式で変数flagにtrueを代入しているため、無限ループとなります。

ループ処理が始まると、まず7行目で変数numをインクリメントします。

1回目のループでは、変数numに1を格納しているため、3つのif文はすべてfalseとなります。よって、14行目で「1」が出力されます。

2回目のループでは変数numに2を格納しているため、8行目のif文の条件と一致します。9行目のcontinue文が実行され、残りの処理はスキップされ、ループを続行します。

3回目のループでは変数numに3を格納しているため、10行目のif文の条件と一致します。変数flagにfalseが代入され、14行目で「3」と出力されます。次に、再び6行目で変数flagには再びtrueが代入され、ループを続行します。

4回目のループでは変数numに4を格納しているため、numが2のときと同様の処理となります。

5回目のループでは変数numに5を格納しているため、12行目のif文の条件と一致します。13行目のbreak文が実行され、ループ処理を終了します。

したがって、実行結果は「13」と出力されるため、選択肢Aが正解です。

 A

問題 27

継承についての問題です。

継承ではスーパークラスの変数とメソッドをサブクラスに引き継ぎ、コンストラクタは引き継ぎません。

したがって、選択肢B、Cが正解です。

 B、C

問題 28

コンストラクタについての問題です。

各選択肢の解説は、以下のとおりです。

選択肢A

コンストラクタの条件を満たしているため、正解です。

選択肢B

final修飾子を指定しているため、コンパイルエラーが発生します。コンストラクタにfinal修飾子は指定できません。したがって、不正解です。

選択肢C

コンストラクタの条件を満たしているため、正解です。

選択肢D

static修飾子はコンストラクタに指定できません。したがって、不正解です。

選択肢E

戻り値の型を宣言しているため、コンストラクタの条件を満たしていません。したがって、不正解です。

A、C

問題 29

配列のループ処理についての問題です。

配列の全要素を出力するには、配列の要素数を取得する必要があります。

配列の要素数を取得するには、**配列名.length**を使用します。

先頭要素から要素を取得するためには0番目から指定する必要があり、最後の要素にアクセスするためには要素数 −1を指定します。

0から開始し、array.length−1の間繰り返すため、使用する関係演算子は「<」となります。

よって、配列の要素をすべて出力するには、式1に「int i = 0;」、条件式に「i < array.length;」を指定します。

したがって、選択肢Cが正解です。

C

問題 30

文字列についての問題です。

3行目でString型変数strを宣言しています。代入しているデータは文字列としての"null"となり、暗黙的な初期値に使用されるnullとは異なるため注意が必要です。

4行目のif文ではStringオブジェクトに対して==演算子（代入演算子）で、nullと比較を行っています。意味としては「変数strがオブジェクトを参照しているか？」となるため、4行目のif文はfalseと判断されます（ここで変数strは"null"という文字列オブジェクトを参照していることになります)。

6行目のelse if文では、Stringオブジェクトのlength()メソッドを呼び出しています。length()メソッドは「Stringオブジェクトの管理している文字列の文字数」を取得できます。"null"は4文字であるため、6行目のelse if文もfalseと判断されます。

つまり、最終的にはelse文に制御が移って「other」が出力されます。したがって、選択肢Cが正解です。

 C

問題 31

 **パッケージ**についての問題です。

java.langパッケージに含まれるライブラリは暗黙的にインポートされますが、その他のパッケージについては明示的にインポートを行う必要があります。

インポートの例

```
import java.io.*;
import java.util.*;
import java.sql.*;
```

したがって、選択肢Bが正解です。

 B

問題 32

 **do-while文**についての問題です。

4〜6行目のdo-while文の条件式にtrueを指定しているため、無限ループとなります。

また、do-while文内にbreak文が定義されていないため、ループが終了することはありません。

したがって、選択肢Dが正解です。

 D

問題 33

 **for文のネスト**についての問題です。

5行目のfor文の内側に、7行目でfor文がネスティングされています。

5行目の外側のfor文は3回ループ処理を実行し、7行目の内側のfor文も同様に3回ループ処理を実行します。

1回目のループでは、6行目で「1」が出力され、7行目からの内側のループでは「4 5 6」を出力します。

2回目のループでは、6行目で「3」が出力され、内側のループでは「4 5 6」を出力します。

3回目のループでは、6行目で「6」が出力され、内側のループで「4 5 6」を出力します。

4回目の条件判定はfalseとなり、ループ処理は終了します。

したがって、実行結果は「1 4 5 6 3 4 5 6 6 4 5 6」と出力されるため、選択肢Dが正解です。

 D

問題 34

 **オーバーライド**についての問題です。

スーパークラスのメソッドをサブクラスでオーバーライドする場合、スーパークラスメソッドとは異なるアクセス修飾子を定義できます。ただし、オーバーライドの際のアクセス修飾子は、

- スーパークラスメソッドと「同じ」修飾子か「よりアクセス範囲の広い」修飾子

でなければなりません。

問題のコードでは2行目のmethod()メソッドは「protected」修飾子が指定されています。つまり、サブクラスでのオーバーライドしたメソッドでは次のいずれかの定義が可能です。

- `protected void method() { }`
- `public void method() { }`

したがって、選択肢C、Dが正解です。

参考

メソッドに指定できるアクセス修飾子を、アクセス範囲の広いものから順に示します。

- **public**：どのクラスからでもアクセス可能
- **protected**：継承したサブクラス、または同じパッケージのクラスからアクセス可能
- **省略（何も指定しない）**：同じパッケージのクラスからアクセス可能
- **private**：同一クラス内からのみアクセス可能

 C、D

問題 35

 **カプセル化**についての問題です。

カプセル化を行う場合、属性（メンバ変数）は非公開（private）とし、操作（メンバメソッド）は公開（public）とします。こうして、属性（変数）へ直接アクセスできないようにします。

また、変数の値を変更（上書き）させないようにするためには、final修飾子を指定します。

したがって、選択肢Cが正解です。

 C

問題 36

 **for文のネスト**についての問題です。

問題のコードでは、3行目のfor文（外側ループ）と4行目のfor文（内側ループ）で同じカウンタ変数iを使用しているのがポイントです。

共通のカウンタ変数iの値の状態は、以下のとおりです。

	外側ループのカウンタ変数i	内側ループのカウンタ変数i	5行目で出力される変数iの値
外側ループ1回目	5※		5
	6		6
	7		7
	8		8
	9		9

※4行目の内側ループの初期化処理で代入される

内側ループが5回繰り返され、6回目の条件判定でfalseとなり内側ループが終了するときに、共通のカウンタ変数iは10となっています。つまり、内側ループが終了した時点で、外側ループも同じカウンタ変数iを使用して条件判定を行っているため、同じく終了します。

したがって、選択肢Aが正解です。

 A

問題 37

オーバーライドについての問題です。

各選択肢の解説は、以下のとおりです。

選択肢A

オーバーライドを行うgetBalance()メソッドの修飾子はpublicです。privateはpublicよりも公開範囲が狭い修飾子になるため、指定できません。スーパークラスとアクセス修飾子が同じか、公開範囲が広い場合のみオーバーライド可能です。したがって、不正解です。

選択肢B

オーバーライドを行うgetBalance()メソッドは、引数1つのメソッドです。オーバーライドは引数の数を合わせる必要があるため、不正解です。

選択肢C

オーバーライドを行うgetBalance()メソッドの戻り値は、long型です。オーバーライドは戻り値の型を同じにする必要があるため、不正解です。

選択肢D

オーバーライドの条件を満たすため、正解です。

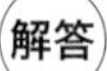 D

問題 38

ポリモフィズムについての問題です。

ポリモフィズムはパフォーマンスを向上させるための概念ではありません。
したがって、選択肢Aが正解です。
その他の選択肢は、ポリモフィズムについて適切な説明となるため、不正解です。

 A

問題 39

参照型の型変換についての問題です。

各選択肢の解説は、以下のとおりです。

選択肢A

Testオブジェクトを参照している変数t1の参照情報をExTest型の変数ex2へ

型変換しています。しかし、変数t1が参照しているオブジェクトはTestオブジェクトであるため、ExTest型変数への型変換はできません。しかし、このような型変換のエラーであってもコンパイルは成功し、実行時エラー（ClassCast Exception）が発生します。したがって、不正解です。

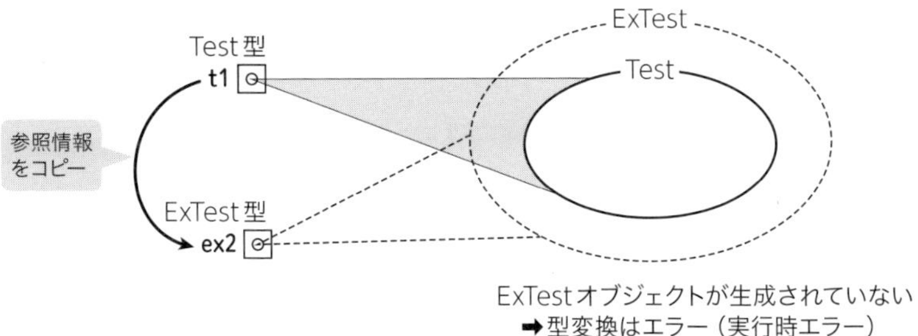

選択肢B

Objectクラスはjava言語におけるすべてのクラスのスーパークラスのため、型変換が可能です。したがって、不正解です。

選択肢C

変数t1が参照しているTestオブジェクトとStringオブジェクトについては継承関係はありません。その場合、型変換を行おうとするとコンパイルエラーが発生します。したがって、正解です。

選択肢D

サブクラス型の変数ex1をスーパークラス型変数t2に変換することは可能です。したがって、不正解です。

C

問題 40

switch文についての問題です。

4行目では、switch文の式で+演算子を使用しています。変数strと"B"はともに文字列となるため、ここでの+演算子は「文字列の連結」を意味する演算子となります。

switch文の式では、最終的な結果がbyte型、short型、int型、char型、enum型、String型の値であれば実行が可能であるため、演算式などを定義することも可能です。

つまり、4行目でのswitch文では"AB"の値をもとに分岐していくため、7行目の

caseが該当します。

したがって、選択肢Aが正解です。

 A

問題 41

 **オーバーライド**についての問題です。

各選択肢の説明は、以下のとおりです。

選択肢A、B

戻り値のデータ型が異なるためオーバーライドの条件を満たしていません。したがって、不正解です。

選択肢C

スーパークラスのprintInterest()メソッドよりも公開範囲の狭い修飾子を指定しているため、コンパイルエラーとなります。したがって、不正解です。

選択肢D

スーパークラスよりも公開範囲の広い修飾子を指定しているため、オーバーライドの条件を満たしています。したがって、正解です。

選択肢E

引数の数が異なるため、オーバーライドの条件を満たしていません。したがって、不正解です。

 D

問題 42

 **論理演算子**についての問題です。

4行目では、論理演算子を使用した比較を行っています。論理演算子は左結合のため評価式は左から順に判定されます。しかし( )で囲まれている場合は( )内の評価が優先されます。

4行目は、以下の順番で評価されます。

- 「!((b2) || (b3))」が評価され、falseとなる
- 「b1 && b3」が評価されtrueとなる
- 「true && false」が評価され、falseとなる

したがって、4行目では「false」と出力されるため、選択肢Bが正解です。

 B

問題 43

 **オーバーロード**を行ったメソッド呼び出しについての問題です。

「The car is turning L by 15 km/h.」を出力するには、5行目に定義するメソッドを呼び出す必要があります。10行目のturn()メソッド呼び出しではint型とchar型の値を渡しているため、5行目のメソッド定義には呼び出し側に合わせた変数を定義しておく必要があります。

したがって、選択肢Dが正解です。

2行目にも引数1つのturn()メソッドが定義されていますが、10行目で呼び出すときに渡している引数の数と一致しないため、呼び出されません。

 D

問題 44

 **メソッドのシグネチャ**についての問題です。

メソッドのシグネチャとは「メソッドを識別するために必要な情報」です。つまり、メソッドを呼び出す（メソッドのオーバーロードなど）ときに「何をもとにメソッドを識別するか？」ということです。

メソッドを呼び出す際には次のものを識別しており、この4つがメソッドのシグネチャとなります。

- メソッド名
- 引数の数
- 引数の型
- 引数の順番

同じシグネチャのメソッドをクラス内に重複して定義すると、コンパイルエラーとなります。

したがって、選択肢A、D、E、Gが正解です。

 A、D、E、G

問題 45

static修飾子についての問題です。

staticメソッドからインスタンス変数、インスタンスメソッドに直接アクセスすることはできません。

4行目からは同一クラス内にあるpaint()メソッドを、インスタンス化を行わずに呼び出す必要があるため、paint()メソッドにstatic修飾子を指定する必要があります。また、paint()メソッドは引数で受け取った値を変数colorに代入するため、変数colorもstatic修飾子を指定する必要があります。

したがって、選択肢Cが正解です。

 C

問題 46

ポリモフィズムについての問題です。

ポリモフィズムとは、同じ操作の呼び出しによって呼び出されたオブジェクトごとに異なる適切な動作を行うことです。オブジェクトの利用側は、オブジェクトごとの内部構造の違いを気にする必要はありません。したがって、選択肢Dが正解です。

その他の選択肢はポリモフィズムの概念と異なるため、不正解です。

 D

問題 47

データ隠蔽についての問題です。

データ隠蔽とは、オブジェクト内の属性を外部から隠蔽するという考え方です。操作を外部に公開するにはpublicキーワードを指定し、属性を外部から隠蔽するにはprivateキーワードを指定します。

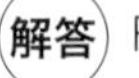 F

問題 48

for文のネストについての問題です。

3行目では要素数3つの配列aryを生成しています。また、4行目のfor文は「2回」繰り返し処理を行うループ文です（外側のループ）。

繰り返し処理として実行されるのが5行目の拡張for文です。5行目の拡張for文は配列aryの全要素を取得するため「3回」繰り返します（内側のループ）。

ただし、6行目の出力は拡張for文の変数は使用しておらず、ary[i]を出力しています。つまり、ループ分のネストで

- ary[0]が3回
- ary[1]が3回

実行されるため「000111」が出力されます。したがって、選択肢Dが正解です。

D

問題 49

オーバーロードについての問題です。

9行目では、Displayクラスをインスタンス化しています。

Displayクラス内ではdispValue()メソッドがオーバーロードされています。メソッドがオーバーロードされている場合は、引数の数やデータ型をもとに呼び出すメソッドが決まります。

```
Display dis = new Display();
```

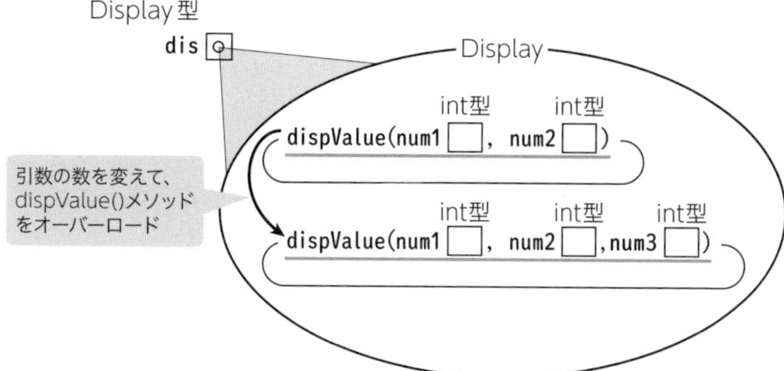

10行目では、int型の10と30を引数に渡しているため、2行目のdispValue()メソッドを呼び出します。

2行目のdispValue()メソッドでは、1つ目の引数10を文字列「Result :」と連結し、「Result : 10」という文字列が生成され、さらに2つ目の引数30と連結するため「Result : 1030」という文字列を生成し出力します。

11行目ではint型の10と30と50を引数に渡しているため、5行目のdispValue()メソッドを呼び出します。

5行目のdispValue()メソッドでは、引数で受け取った3つの10、30、50を加算

した数値を文字列「Result :」と連結し、「Result : 90」という文字列を生成し出力します。

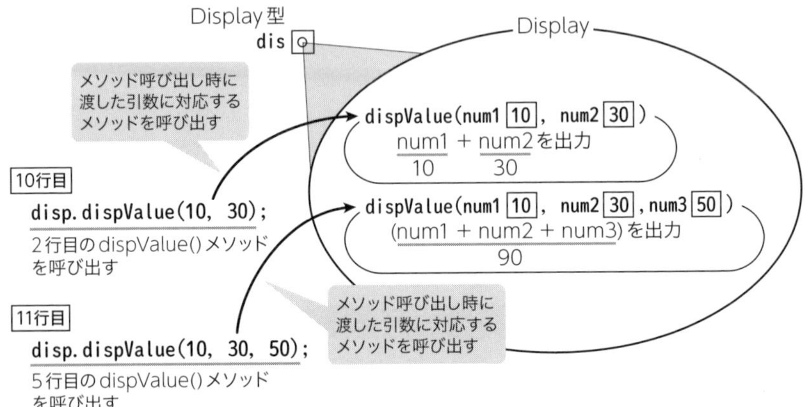

したがって、実行結果は「Result : 1030」と「Result : 90」が出力されるため、選択肢Bが正解です。

 B

問題 50

 **while文**と**do-while文**についての問題です。

3行目で要素数3つの配列が作成され、5行目でカウンタ変数を使ったwhile文が定義されています。ただし、7行目の閉じ括弧 } のあとにdo;という定義があるため文法エラーとなり、コンパイルエラーが発生します。

したがって、選択肢Cが正解です。

参考

問題のコードでは、7行目のdo;という定義を削除すれば、通常のwhile文の繰り返し処理が実行され、「3 2 1」が出力されます。

 C

問題 51

 **継承**についての問題です。

各選択肢の解説は、以下のとおりです。

選択肢A

変数nameはprivate修飾子を指定しているため、サブクラスに継承されません。したがって、不正解です。

選択肢B

変数idは同一パッケージからアクセス可能な省略の修飾子が指定されているため、継承されます。したがって、正解です。

選択肢C

コンストラクタはサブクラスに継承されません。したがって、不正解です。

選択肢D

disp()メソッドはpublic修飾子を指定しているため、サブクラスに継承されます。したがって、正解です。

 B、D

問題 52

 **クラスの継承**と**インタフェースの実装**についての問題です。

選択肢A

Phoneクラスをimplementsキーワードを使用して実装していますが、クラスの継承はextendsキーワードを使用する必要があります。したがって、不正解です。

選択肢B

構文に従った正しい記述です。したがって、正解です。

選択肢C

2つのインタフェースをextendsキーワードを使用して継承しようとしていますが、Javaは単一継承のみのサポートです。また、Phoneクラスはクラスのためimplementsキーワードを使用して実装することはできません。したがって、不正解です。

選択肢D

インタフェースの実装がクラスの継承より先に定義されているため、コンパイルエラーが発生します。したがって、不正解です。

選択肢E

implementsキーワードは複数回定義できません。したがって、不正解です。

 B

問題 53

import文についての問題です。

各選択肢の解説は、以下のとおりです。

選択肢A

com.abcパッケージ以下のクラスとインタフェースをすべてインポートする記述です。com.abc.commonパッケージのPatternインタフェースのインポートを必要とするため、不正解です。

選択肢B

com.abc.commonパッケージ以下のクラスとインタフェースをすべてインポートする記述です。Patternインタフェースはこのパッケージに含まれます。したがって、正解です。

選択肢C

com.abc.common.Patternインタフェースをパッケージ名を含めた名前を使用してインポートしています。したがって、正解です。

選択肢D

Pattern.common.abc.comとインタフェース名から逆順にパッケージ名を指定していますが、逆順に指定する必要はありません。したがって、不正解です。

import文で *（アスタリスク）を指定すると、パッケージ内のクラスやインタフェースをすべてインポートしますが、指定したパッケージ内のパッケージはインポートしません。

解答 B、C

問題 54

オーバーライドについての問題です。

サブクラスSalesクラスではスーパークラスEmployeeクラスのdisp()メソッドをオーバーライドしています。

16行目ではEmployeeクラスのインスタンス化、17行目ではSalesクラスのインスタンス化を行っています。

19行目ではEmployeeインスタンスの変数empNoに100を設定し、20行目ではSalesインスタンスの変数custNameに"Best Company"を代入し、22行目でSalesインスタンスのdisp()メソッドを呼び出しています。

オーバーライドしているメソッドが優先的に呼び出されるため、9行目のdisp()メソッドが呼び出され、10行目ではsuper.disp();の呼び出しによって3行目のdisp()

メソッドを実行した上で11行目の処理を実行します。

したがって、実行結果は「empNo : 0」と「custName : Best Company」が出力されるため、選択肢Cが正解です。

C

問題 55

**継承**についての問題です。

各選択肢の解説は、以下のとおりです。

選択肢A

継承を行ったサブクラスをスーパークラスとして扱い、継承を階層的に行うことができます。したがって、正解です。

選択肢B

スーパークラスを継承するサブクラスの数に限りはありません。したがって、正解です。

選択肢C

Java言語では1つのクラスが同時に複数のスーパークラスを継承する「多重継承」を禁止しています（単一継承のみ）。したがって、不正解です。

選択肢D

スーパークラスのprivateメンバはサブクラスに継承されません。したがって、不正解です。

A、B

問題 56

**while文のネスト**についての問題です。

6行目と8行目でwhileの二重ループとなっています。

6行目の外側のループは、条件式にtrueを指定しているため、無限ループになります。

変数iが0のとき、8行目の内側のループでは条件がj < 3のため、変数jが0から2までループ処理を実行します。

9行目のnum[i][j]を出力する文は、num[0][0]、num[0][1]、num[0][2]、つまり「012」と順番に出力されます。

その後、内側のループが終了し、13行目のi++で変数iがインクリメントされ、0

から1に変わります。

再び、8行目以降のループに制御が移り、num[1][0]の「3」が出力されます。

その後、11行目のi==1という条件に該当し、break label; を実行します。

11行目のbreak文によって、5行目でlabel: を指定している5～14行目のループが終了します。

したがって、実行結果は「0123」と出力されるため、選択肢Cが正解です。

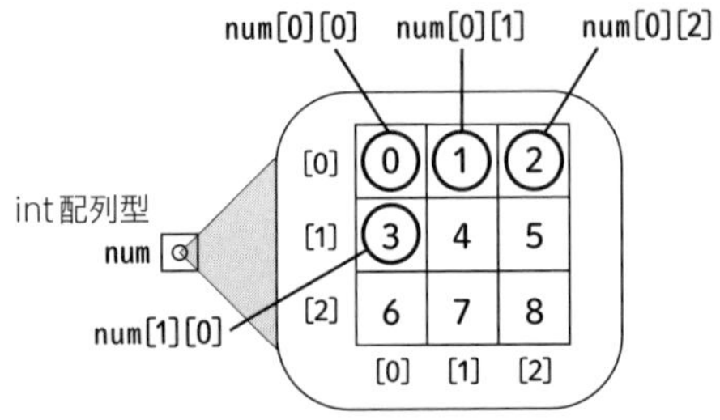

8～12行目のループ	9行目 num[i][j]	9行目の出力
ループ1回目	num[0][0]	0
	num[0][1]	1
	num[0][2]	2
ループ2回目	num[1][0]	3

変数iが1のときに、break文により終了

C

問題 57

参照型の型変換についての問題です。

11行目では、CaffeMochaクラスをインスタンス化し、スーパークラス型であるCoffee型の変数cofに参照情報を代入しています。

12行目ではスーパークラス型であるCoffee型の変数cofを使用してaddMilk()メソッドを呼び出していますが、addMilk()メソッドは変数cofの参照範囲内に存在しないため呼び出すことができず、コンパイルエラーが発生します。

したがって、選択肢Cが正解です。

C

問題 58

Javaの特徴についての問題です。

各選択肢の解説は、以下のとおりです。

選択肢A

Java言語には、ポインタを操作する仕組みはありません。したがって、不正解です。

選択肢B、D、E

Java言語の特徴です。したがって、正解です。

選択肢C

Javaではマルチスレッドに対応したプログラミングが可能です。したがって、不正解です。

選択肢F

Javaは実行プラットフォームに依存しないという特徴があります。したがって、不正解です。

 B、D、E

問題 59

abstract修飾子についての問題です。

abstract修飾子をクラスに指定すると抽象クラスの定義となり、メソッドに指定すると抽象メソッドの定義となります。

また、インタフェースの修飾子としてabstractが指定可能です（ただし、推奨されない定義です）。

```
abstract interface App {
    public void play();
}
```

したがって、選択肢B、C、Eが正解です。

 B、C、E

問題 60

パッケージについての問題です。

インタフェースのインポートについては構文にもとづいて正しく記述できていますが、パッケージ宣言よりも前の行でインポートが行われています。

インポート宣言は、パッケージ宣言のあとに行う必要があるため、コンパイルエラーが発生します。

したがって、選択肢Bが正解です。

B

本書のポイント

1章
Java言語のプログラムの流れ

▶ Javaプログラムのコンパイルと実行

Javaプログラムの作成方法からコンパイル方法、実行方法の流れを理解します。また、Javaアプリケーションに必要なmain()メソッドの定義方法について理解します。

重要キーワード javacコマンド、javaコマンド、.javaファイル、.classファイル、main()メソッド

▶ Javaテクノロジの特徴の説明

Javaテクノロジにおける実行環境、開発環境のソフトウェアの種類について理解します。また、JavaテクノロジやJava言語の特徴やメリットについて理解します。

重要キーワード JDK、JVM、ガベージコレクション、オブジェクト指向

▶ Javaプラットフォーム各エディションの特徴の説明

Javaテクノロジで提供されているエディションと各エディションの利用用途について理解します。

重要キーワード Java SE、Java EE、Java ME

2章
データの宣言と使用

▶ Java言語でのデータ型の説明（基本データ型、参照型）

Java言語において使用可能なデータ型について理解します。データ型の種類である基本データ型（プリミティブ型）と参照型の種類や違いについて理解します。

重要キーワード 基本データ型（プリミティブ型）、参照型

▶ 各種変数や定数の宣言と初期化、有効範囲

変更不可能な値として定義する定数の定義方法や定数名の慣習などを理解します。また、変数の宣言場所によって決定する、変数の有効範囲（スコープ）について理解します。

重要キーワード final修飾子

▶ 配列（1次元配列）の生成と使用

参照型である配列の生成方法と使用方法を理解します。生成方法については配列の宣言、値の代入や初期化について理解し、使用方法については、配列の要素数の調べ方や各データ型の初期値について理解します。

▶ コマンドライン引数の利用

Javaアプリケーションを実行する際に指定することができる引数（コマンドライン引数）を理解します。コマンドライン引数を扱う際に注意すべき点や値の利用方法について理解します。

重要キーワード 配列args

3章
演算子と分岐文

▶ 各種演算子の使用

変数やリテラルの演算に使用する演算子について理解します。

重要キーワード 算術演算子、代入演算子、複合代入演算子、インクリメント演算子、デクリメント演算子、関係演算子、論理演算子、三項演算子

▶ 演算子の優先順位

1つの文において、演算子を複数使用した場合の優先順位について理解します。また、( )を使用することによって優先的に処理が行われることについても理解します。

▶ if、if-else文の定義と使用

条件式をもとに処理を分岐するif文を理解します。多分岐を行うために使用するelse if文もあわせて理解します。

▶ switch文の定義と使用

byte型、short型、int型、char型、列挙（enum）型、String型の式結果をもとに処理を分岐するswitch文を理解します。

4章

ループ文

▶while文の定義と使用

while文を使用したループ文を理解します。

▶for文および拡張for文の定義と使用

ループに必要な条件を1行にまとめたfor文を使用したループ文を理解します。また、拡張for文の使用方法、for文との定義の違いを理解します。

▶do-while文の定義と使用

do-while文を使用したループ文を理解します。while文との違いを理解します。

▶ループのネスティング

ループ処理内にループ処理を定義するネスティング（ループ文の入れ子）を理解します。

5章

オブジェクト指向コンセプト

▶具象クラス、抽象クラス、インタフェースの説明

インスタンス化を行うことができる具象クラス、抽象メソッドを定義することができる抽象クラス、クラス定義において仕様の役割を持つインタフェース、それぞれの特徴と定義の方法を理解します。

重要キーワード abstract、interface、extends、implements

▶データ隠蔽とカプセル化についての説明と適用

データ隠蔽とカプセル化を行うことによる特徴、メリットなどを理解します。

重要キーワード 属性の非公開、操作の公開

▶ポリモフィズムについての説明と適用

オブジェクト指向において重要な考え方となる、ポリモフィズムについて理解します。ポリモフィズムを実現するために必要な考え方やメリットについて理解します。

6章

クラス定義とオブジェクトの生成、使用

▶クラスの定義とオブジェクトの生成、使用

オブジェクト指向において基本となる、オブジェクトの生成方法を理解します。また、オブジェクトを生成するための雛形となるクラスの定義方法、メンバ変数やメンバメソッドの定義についても理解します。

重要キーワード クラス、オブジェクト、属性（変数）、操作（メソッド）

▶オーバーロードメソッドの作成と使用

同一クラス内に同じ名前のメソッドを複数定義するメソッドのオーバーロードについて理解します。

▶コンストラクタの定義

オブジェクトを生成する際に呼び出されるコンストラクタについて理解します。コンストラクタの定義方法やメソッドとの違いを理解します。

重要キーワード コンストラクタ、コンストラクタのオーバーロード

▶アクセス修飾子（public/privateに限定）の適用とカプセル化

カプセル化とアクセス修飾子について理解します。変数やメソッドを公開するためのpublic修飾子、外部からのアクセスを禁止するprivate修飾子の特徴を理解します。

重要キーワード public、private

▶static変数およびstaticメソッドの定義と使用

オブジェクト個々ではなく、クラスに属するメンバであるstatic変数、staticメソッドを理解します。オブジェクト個々に属するインスタンス変数やインスタンスメソッドとの違いや、呼び出し方について理解します。

重要キーワード static、クラス名.static変数名、クラス名.staticメソッド名

7章

継承とポリモフィズム

▶サブクラスの定義と使用

オブジェクト指向の概念である継承について理解します。スーパークラスとサブクラスの関係、サブクラスの定義方法を理解します。

重要キーワード 継承、is-a関係、kind-of関係、スーパークラス、サブクラス、extends、単一継承

▶メソッドのオーバーライド

スーパークラスで定義しているメソッドをサブクラスで再定義するオーバーライドについて理解します。オーバーライドの定義方法や呼び出されるメソッドについて理解します。

▶抽象クラスやインタフェースの定義と実装

抽象メソッドを定義することができる、抽象クラスとインタフェースについて理解します。抽象クラスとインタフェースの共通点や異なる点を理解します。

重要キーワード 抽象メソッド、abstract、interface、implements

▶ポリモフィズムを使用するコードの作成

同じ操作の呼び出しで、呼び出されたオブジェクトごとに異なる適切な動作を行うポリモフィズムについて理解します。ポリモフィズムを実現するための方法や目的を理解します。

重要キーワード 参照型の型変換

▶スーパークラスのコンストラクタまたはオーバーロードされたコンストラクタの参照型の型変換

サブクラスのオブジェクトを生成する際にサブクラスのコンストラクタから呼ばれるスーパークラスのコンストラクタについて理解します。ポリモフィズムを実現するための参照型の型変換についても理解します。

重要キーワード super()

▶パッケージ宣言とインポート

クラスファイルをグループ化するパッケージについて理解します。パッケージにクラスを含める方法や、パッケージ化されたクラスを利用する方法について理解します。

重要キーワード package、import

索引

執筆者紹介

日本サード・パーティ株式会社（JTP）

日本に進出する海外のIT企業をサポートする会社として1987年に設立されました。
現在では、海外のIT企業だけではなく日本国内のユーザー企業にもITを活用した新しい選択肢を提供したいという想いで、サービスやソリューションを提供しています。

執筆者

坂本 浩之、松木 尚大、大西 俊維

本文・装丁デザイン：坂井 正規
編集・DTP：　風工舎

オラクル認定資格教科書
Java（ジャバ）プログラマ Bronze（ブロンズ） SE（エスイー） スピードマスター問題集（試験番号 1Z0-818（イチゼットゼロ ハチイチハチ））

2020年　8月26日　初 版　第1刷発行
2024年　3月15日　初 版　第4刷発行

著　　者　日本サード・パーティ株式会社
発 行 人　佐々木 幹夫
発 行 所　株式会社 翔泳社（https://www.shoeisha.co.jp）
印　　刷　昭和情報プロセス株式会社
製　　本　株式会社 国宝社

©2020 Japan Third Party Co., Ltd.

＊本書は著作権法上の保護を受けています。本書の一部または全部について（ソフトウェアおよびプログラムを含む）、株式会社翔泳社から文書による許諾を得ずに、いかなる方法においても無断で複写、複製することは禁じられています。

＊本書へのお問い合わせについては、iiページの記載内容をお読みください。

＊造本には細心の注意を払っておりますが、万一、乱丁（ページの順序違い）や落丁（ページ抜け）がございましたら、お取り替えいたします。03-5362-3705までご連絡ください。

ISBN978-4-7981-6205-8　　Printed in Japan